你必须很努力，才能遇见好运气

张偏偏◎著

天津出版传媒集团
天津人民出版社

图书在版编目（CIP）数据

你必须很努力，才能遇见好运气 / 张偏偏著. -- 天津 : 天津人民出版社, 2018.8
ISBN 978-7-201-13767-4

Ⅰ. ①你… Ⅱ. ①张… Ⅲ. ①成功心理—通俗读物
Ⅳ. ①B848.4-49

中国版本图书馆CIP数据核字（2018）第131435号

你必须很努力，才能遇见好运气

NI BIXU HEN NULI，CAINENG YUJIAN HAO YUNQI

张偏偏 著

出　　版　天津人民出版社
出 版 人　黄　沛
地　　址　天津市和平区西康路35号康岳大厦
邮政编码　300051
邮购电话　（022）23332469
网　　址　http://www.tjrmcbs.com
电子邮箱　tjrmcbs@126.com

责任编辑　王昊静
策划编辑　村　上　张芳芳
装帧设计　胡椒书衣

印　　刷　大厂回族自治县彩虹印刷有限公司
经　　销　新华书店
开　　本　880×1230毫米　1/32
印　　张　7.5
字　　数　120千字
版次印次　2018年8月第1版　2018年8月第1次印刷
定　　价　39.80元

目录

Chapter 1

你努力的样子，决定你生活的样子

Chapter 2

越是精致的姑娘，上天给的奖赏越多

Chapter 3

很高兴你能来，也不遗憾你离开

Chapter 4

既然岁月无可回头，不如昂首阔步赴前程

Chapter 1

你努力的样子，决定你生活的样子

你与人生赢家，只差一个努力

▶▶ 一个人能持之以恒地努力，本身就是一种稀缺而又巨大的天赋。

_01_

我读高中时，班上有位出了名的“怪人”。十几岁本该是最热闹聒噪的年纪，可是三年同窗下来，这位“怪人”几乎不跟同学说话。且无论在何时何地看到他，他的手上必然捧着一本书，走起路来像一阵风，吃饭只要五分钟。如此争分夺秒，为的自然是全身心投入学习之中。这样的他永远是老师口中的正面教材，也是成绩榜上毫无悬念的前几名。

但彼时我戾气未消，对这种用功到“变态”的人是抱着鄙夷心态的。毕竟那时我没有努力至此，成绩也并不逊色于他。

后来，我们一同历经了高考，成绩相差无几，机缘巧合下，我们念了同一所大学。那时，我还理所当然地认为，人生中的很多事情，靠的都是聪颖和天赋，努力最多起到勤能补拙的作用。

_02_

到了大学之后，我的那根绷紧的神经忽然得到了前所未有的舒展，翘课、作业完不成成了家常便饭，优哉游哉就混到了学期末，考试成绩当然不尽如人意。

随着大环境的改变，人的羞耻心也慢慢消耗殆尽。虽然在教务处网页上看到补考人员名单上有自己的名字，但经过短暂的羞赧之后，我竟然安慰自己：随它去吧，不挂科的人生是不完整的。

我逃得过自己的良心，终究逃不过补考的命运。

新学期开始，辅导员在补考前把我们所有挂科的人叫到一起，发放补考证。当时正好有一位家长来送孩子上学，端坐在我们中间，一脸歉疚地对辅导员说：“老师，我们家孩子从小就不聪明。实在抱歉，给您添麻烦了。”

辅导员倒是很客气，笑盈盈地答道：“其实您说的聪明在高中或许管用，可到了大学，比拼的是谁更自律，您看那些成绩排名靠前的同学，都是认真上课、爱泡图书馆的学生。而这些补考的，不见得不聪明，却一定是经常偷懒、翘课、打游戏的。”

话音一落，那位家长恍然大悟般频频点头，办公室里的同学却不敢抬头。

辅导员之言，于我亦心有戚戚焉。想到自己从前也是班里的佼佼者，如今沦落到连及格都困难的境地，尽管我不愿意，但也不得不承认，我从前的那些小聪明已经越来越派不上用场了。

基础和天赋总有耗尽的一天，不努力就会落后。

其实我身边也不是没有榜样。“怪人”学霸到了大学依然勤奋，我在学生会组织的几个活动里碰到过他。他比从前看着精干了些许，热情洋溢地分享“学习”“活动”两不误的秘诀。有时候在角落里看着他，我都会暗自低下头去。这种惭愧不是因为几千块的国家奖学金抑或学生会里某个闪光的头衔，而是钦佩他能持之以恒努力争取自己想要的东西。

我也尝试过为了某个目标努力，尝试过早起读英语，尝试过每天认真听课，还给自己制订了许多类似于“几天读完一本书”“一天背多少个单词”的计划。可是计划订立了很多，执行起来却异常艰难，很多计划没坚持过一周，我就主动放弃了。

生活总是让人后知后觉，我也是有了亲身经历后才意识到，能像“怪人”那样坚持每天早晨六点起床，没事泡在图书馆，认真处理生活里、团体里每一件不起眼的小事，这种“努力”向上的品质，本身就是一种巨大的天赋啊！

这些年身边的人换了又换，和“怪人”有交集的时间却不算短。这些暗地里与他较劲的时光时刻提醒着我：**永远别小看了一个努力的人。**

*_03_*

现在我也步入了真枪实弹的社会，尝试通过各种途径赚点儿小钱，这才发现，**各行各业的佼佼者，拼到最后都是凭借自律和死磕。**

才华横溢、出口成章的项目经理会在汇报工作前连续加班好几个晚上，只为做出几页漂亮的幻灯片；年终奖丰厚的业务骨干为了谈成一个订单或者拿到一个重要客户的电话，要天南海北奔波很多次；70多岁的老董事长每天早上六点钟就准时到达公司，兢兢业业地开始一天的工作。

我们所能看到的那些轻而易举就闪耀全场的成绩和光芒，其实都建立在脚踏实地的努力之上。甚至连写作这种被公认为需要天资和灵气才能做好的事，一旦疏于努力，不能持续输出，也会渐渐笔下无文。

我认识很多经营公众号的作者，文章写得可圈可点，偶尔还会出几篇爆文，但是一旦犯懒，连续几天不更新，一些粉丝便不再买账。

世上哪有容易的事呢？有时候看到别人成功，再了解他背后的付出，就会由衷觉得，人生其实蛮公平的。正如何炅老师所说：“每个人都是通过自己的努力，去决定自己生活的样子。”

_04_

可有时因为过于拼命，过于争分夺秒，那些坚持努力的人，难免会被误解为“吃相难看”。人们似乎永远都更加喜欢那些看起来轻松闲散的人。

蔡康永说：“我们喜欢被夸奖聪明胜过被夸奖勤劳；我们喜欢被夸奖漂亮胜过被夸奖整齐。我们显然认定天生就有的比努力才有的更令人高兴。”

曾经我也看轻过“努力”二字，认为那不过是没天赋的人想要脱颖而出的无奈之举，认为那是天生蠢笨的人才会做的事，真正厉害的人，从来都是轻轻松松就能赢得全场喝彩。

但渐渐地我发现，在年轻的时候，我们或许可以凭借天赋、运气等这些与生俱来的优势略胜一筹，但是随着人生的大幕徐徐拉开，能助你旗开得胜的关键因素，一定是努力。

我们常常听说谁少年得意，却因疏于自律把一手好牌打得稀烂。人生的困难模式只会随着年龄增长而不断升级，任凭你聪明、好运，不操练也照样会被打回原形。就算是李安这种被誉为天才的大导演，在接受采访时都说，自己真的是属于努力那一派的。事实上，去问各行各业的佼佼者，他们最大的秘诀绝对都是坚持努力。

当然，我们普通人可以因为没有那么大的野心，因为害怕麻烦或担心徒劳无功而不去努力，但大家真的没资格看轻那些比你努力的人，他们或许进步缓慢，却步履不停。

想要活得漂亮，就要忍住诉苦的冲动

▶▶ 不抱怨很难，能做到就是美德。

_01_

在所有的女明星里，我最欣赏王菲。抛开她空灵慵懒的唱腔和一路取得的赞誉不谈，我更愿意观察她对待苦难的态度。

王菲从小和母亲的关系并不亲密，据说因为母亲在文工团工作，深知唱歌这条路的辗转艰辛，所以坚决不赞成她唱歌，甚至她成名后决定嫁给窦唯，也遭到母亲的极力反对。但这两件事，王菲都坚持做了，她叛逆，并且敢想敢做。

她的演艺道路倒是没什么大波折，就算是偶尔开个小差，也丝毫不会有损天后形象。1994年她推出三张唱片，张张大卖，还在香港红磡体育馆开了演唱会，迎来人生的巅峰时期。记者问她最大的烦恼，她表情玩味，若有所思道："太红了。"

很快，时间到了1997年，王菲生下大女儿窦靖童；1998年，窦唯出轨，母亲逝世；1999年，她遭遇婚变，果断离婚。

对王菲而言，这三年无疑是受打击密度最大的。普通女人遭遇背叛、面对至亲逝世可能无法在短时间内振作起来，但她似乎从没让外界为她担心，大家看到的依然是个性十足的她。媒体追问离婚事宜，她唯一的回应是"与你有什么关系"，态度坚决而傲慢。

后来她再嫁李亚鹏，二女儿李嫣出生时患有先天性唇腭裂，对一个母亲而言，无疑又是重重一击。她一心求医，宣布无限期休息。

2010年，她又在微博上公开宣布与李亚鹏离婚。次年，被曝与谢霆锋重修旧好。当时很多人指责她：一把年纪还折腾，都不考虑对孩子的影响吗?

这一点，其实王菲在早年间就回应过。她说："童童有爸爸，我要找的是我的伴侣。”从后来窦靖童和李嫣的种种言谈表现来看，网友确实多虑了。

*_02_*

对于这个女人，纵然是老天爷赏饭吃，赐了她一副好嗓子，你却不能说她命好，因为她的履历实在算不上四平八稳。但很奇怪，人们提起王菲，没人会觉得她软弱或者命途多舛，她的第一个标签，永远是天后，地位高高在上，不可撼动。而且就像她的歌一样，哪怕经历再多曲折，她给人的感觉也仍然是桀骜的，镇定的，满不在乎的。

同样是离婚，同样是被媒体编排，我见过在记者招待会上大打感情牌，公然落泪求饶的；见过在微博上与前任撕得你死我活的；见过立好妈妈人设，一出场必把孩子带出来溜一圈的。种种打法，没有一种能像王菲这样干净利落。

我不评价哪种更好，只是从中发觉，**有的人之所以总是能呈现四两拨千斤的淡定状态，并不是因为真的顺风顺水，而是从不叫**

苦。比如王菲，尽管生活给予她几番磨砺，但是她没有活成一副苦大仇深、咬牙切齿的样子，反而40多岁依然保持着少女的轻盈与灵动。

我不是王菲的歌迷，但欣赏她懂得在生活面前三缄其口，不抱怨、不诉苦的气质。

_03_

每个人活到现在，都曾忍下一肚子委屈，受过一箩筐苦难。谁也不比谁容易，谁也不比谁幸运，所以抱怨无用而又累赘。

我读初中的时候，有一次早上去找朋友一起上学。刚踏进院子便听到她妈妈带着哭腔审问她："这次又要交多少钱？你看看你的成绩，对得起学费吗？你爸又懒，一年到头也赚不了多少钱，你以后是不是打算学他？"

"不是！"朋友边啜泣边说。

"那你还不好好学习，咱们家供你上学这么不容易，你就不能长点儿心吗？"

“能……”朋友拉着长声回应。

我当时已经走到她家门口了，听到这些话，一时间不知是该进还是该退。犹豫了片刻，最终还是悄悄退了出来。

说实话，这并不是我第一次遇见这样的场景。小时候大多数人家里都不富裕，很多同学都被父母这样教育过，所以我那时一直引以为傲的一件事就是——我的妈妈从来没有这样凶过我。这当然不是因为我家境优渥，也不是因为我天生懂事，而是因为我妈妈从来不把压力传递给我。生活的苦楚，她从来都是一肩挑，再困难也不会迁怒于我，哪怕是借钱也要提供给我充足的学费和生活费，支持我去参加各种与学业无关却需要高额报名费的活动。

当然，我更深切感受到这一点，还是在上了高中以后。

当时我和小姨生活在一起，她全权负责我的日常起居，如同第二个妈妈。她时常会跟我讲她和我妈妈童年时候的事，告诉我姥爷是如何早早去世丢下她们，我妈妈是在怎样捉襟见肘的情况下嫁给我爸爸，我爸爸年轻时脾气是如何暴躁，和我妈妈吵了多少次架，而我妈妈又是如何含辛茹苦地照看我和妹妹。总之，我在小姨那里听到了很多关于妈妈的秘密，也坚定了要更加感恩、爱护她的决心，因为这些话都是妈妈不忍告诉我的。她热忱善良，积极乐观，从来不向谁抱怨来博得同情或安慰，也不袒露自己所受的委屈，好让我们替她扬眉吐气。她似乎从来都是一个人将问题挡在门外，让我们在爱和宽松的环境中健康成长。

我性子烈，从小就和爸爸不和。五岁的时候，我犯了错，他打我，我不服，就站在地上一动也不动，指着自己额头对他说“这里有血，你要打就往这打”，气得他双手叉腰，大口大口地喘着粗气。现在长大了，就更是不怕。妈妈知道我们父女俩的脾气，几乎每次打电话都会嘱咐：“你爸爸脾气不好，但十分疼爱你。你工作不在家，他念叨你的次数比我还要多，所以你乖点儿，别顶撞他。”我有时会赌气说：“他经常和你吵架，真不知道你为什么还这么护着他。”她就在电话那头笑：“老夫老妻的，哪有不拌嘴的呢？”

妈妈总是这样，轻轻柔柔地把所有委屈吞咽下去，把矛盾化解掉。她就是这样一个伟大的女人。所以我的母亲大人，除了作为我的母亲，作为一个普通女人，我也很敬慕她。

_04_

随着近两年逐渐成长，我自己也尝到了独自面对生活和工作的滋味，发现真的是人生不如意之事十之八九，似乎只要活着，总有遇不完的苦难和解决不完的问题。

我也时常观察身边人，发现他们无论平常多么通情达理，在遇到困难或不公之时，总会拉着旁人喋喋不休地抱怨。他们不在意自己的面目是否会变得难看，也顾不得旁人反感的目光，他们就像一个个胀得鼓鼓的气球，只想在快要爆炸前找个地方发泄一番。体面，在倾诉冲动面前，已经变得一点儿都不重要了。

我并不是想批评这些热衷于发牢骚的人，**生活面前少有强者，**大家心里苦，想找个出口，也是人之常情。只是越是在这种大环境下，那些偏能生生忍下诉苦冲动的人，就越显得大气和睿智。同样是面对难关，他们知道抱怨无用，懂得不占用别人的时间，不给他人施加压力，这真的是一种珍贵的美德。

他们是庸常生活中的极少数，生活再难，也能举重若轻，活得

洒脱灵动，仿佛天生好命，不曾受过伤害一样。

如果生活注定有沧桑，我更欣赏不抱怨的人。

我们不努力，他们怎么扬眉吐气

▶▶ 人生中一定有一次努力，是为了让自己所爱的人一展笑颜。

_01_

年初，我休了几天年假回了趟家。相信每个出门在外的朋友都能理解那种“一回到家就不舍得出来”的感觉。所以，尽管我酷爱聚会，也生生推掉了各种邀约，每天窝在家里，衣来伸手、饭来张口，假装自己还是个小朋友。

出门见识过才知道，还是家里最舒服。耗了半个月，我仍然不愿意走。爸爸似乎看出了我的心思。某日，我正在看电视，他凑到我身边，笑嘻嘻地问：“姑娘订机票了吗？”

“没。”心里最不愿面对的事情被轻巧地提起，我有些扫兴。

“哦，几号上班啊？”

“我不去了！”我没好气地说。

“啊？那不行啊，爸爸还指着你给我换车呢，你看你陈叔他儿子……”他依然嬉皮笑脸。

“你就知道攀比，都50多岁的人了，有意思吗？”

看到爸爸尴尬地僵在那里，我逃命似的推门回到了自己的房间，一屁股坐在地上就开始哭。

那是我毕业以后唯一一次情绪失控。

一来，我真的不想去上班，那个城市不是我的家。

二来，我都不知道这种背井离乡的日子还要过多久。哭着哭着，就想起《霸王别姬》，小赖子从“喜福成”科班逃出来看戏，站在看台上，一边往嘴里塞冰糖葫芦，一边哭着说：“他们怎么成的角儿啊？得挨多少打啊？”而我那时，也仿佛被生活逼到了墙角里，只想问问：“还要离开家多少次，我才能混出个样儿来啊？”

后来，妹妹打电话告诉我，其实我走之后，爸爸也很难受，一直像个孩子似的解释，当时只是为了激励我，没想到我会不高兴。

我听着，眼泪就忍不住流下来。其实我了解爸爸呀，他一向是以我为荣的啊。尤其是最近这几年，我大学毕业后找了份收入可观的工作，就更成了他和朋友的谈资。不管别人问与不问，他总要见缝插针地提起我，说我所在的公司有多厉害，说我又给他买了什么。

而我会哭，不是因为反感爸爸拿我和别人比较，我只是有点儿惭愧，惭愧自己现在还不能达到更高的成就。

_02_

很多时候，我会由衷地羡慕那些活得闪闪发光的人。不是贪慕虚荣，不是意图享乐，而是希望自己也可以像他们一样，有能力保护自己所爱的人。

去年冬天，妹妹参加市里的演讲比赛，爸爸去送她。北方的冬天很冷，一夜过后，地上就蒙了一层霜，车子半天发动不起来。爸爸一边赌气围着车转悠，一边打电话叫朋友帮忙送妹妹。

因为当时是早上六点，开车到市里又要两个小时，他讲话的姿态放得很低，隔着电话频频点头，一边“嗯啊”答应，一边呼出一串串白色的气体。作为家中的长女，看着这一切，我在心里暗暗发誓，一定要改变现状。

然而很现实也很无奈的是：想要给家人舒适的生活，首先自己就要走出“家”这个舒适圈。我清楚地知道，长久地待在他们身边，只会让我对自己的境遇越来越恐慌，并不能改变什么。

这应该也是每个游子所面对的窘境。想要反哺家人，就得忍受分离之痛。所以，**每次离开有多艰难，未来我就会有多努力，因为我总是幻想再次回到家的时候，处境能比之前好一些，再好一些。**

_03_

我曾经看到过对陈坤的一段采访，他和爸爸一直不和，因此很多年都没回过重庆，后来因为拍摄《火锅英雄》重返家乡。主持人试探着问他：“那你原谅他（爸爸）了吗？”

他马上回答说：“当然啊，我还给爸爸买了一套房子呢。他来剧组看我，我就对他说，我们今年回重庆过年吧。”隔着电视屏幕都能看出他的幸福与得意，那语气就像一个孩子考了一百分，在展现自己的优秀和乖巧，又像是一个荣归故里的游子在向爸爸炫耀：我现在很厉害，可以让你过上好生活了。

陈坤幼时家境贫寒，未成名前曾在饭馆、歌舞厅打过工。成名之后，他也时常听到否定的声音。他真的是靠日复一日的努力，一点儿一点儿赚回了在父亲面前作为儿子的尊严。

为人子女，都能明白陈坤的这种成就感，也羡慕他可以亲手改善父母的生活，可以毫不费力地满足父母的要求，成为父母的骄傲。

你看，这个社会还算公平，绝大多数人能够通过努力赢得尊重，换来优渥的生活。

_04_

年底，公司开总结大会。老板在会议上公开表扬了我：“偏偏今年表现真不错，年终总结也写得很好。”

我坐在会议室里，听着表扬，迎着同事们肯定的目光，思绪飘到很远……

这一年，我总算没白白“挣命”，那些熬过的夜、掉过的眼泪，也算是值了。等发了年终奖，就去把上次逛街时爸爸站在橱窗前，犹豫再三还是没舍得试的那双皮鞋买给他。

爸爸老了，一嗔一喜都牵系在子女身上。我说要回家，他提前一周就开始张罗；我随口说想跳槽，他花了一个月时间琢磨这句话。他老了，稍微熬点儿夜第二天就咳嗽得厉害，路走多了膝盖会疼；他老了，不再对我吼了，总是对着我自嘲，“老了老了，反而怕你了”……

我也在成长，将这一点一滴记在心里，深谙他照顾子女的艰辛，亦了解他老顽童似的虚荣心。所以在每个想要偷懒松懈的时刻，我都会提醒自己：享乐的日子在后头呢，为人子女，当务之急是要让父母觉得安心骄傲。要勤勉，要为父母卸下负累，让其轻松前行。

是的，人活着都需要一个动力。而现在，只是为了让他吹牛的时候能更硬气一点儿，我也愿意再多努力一点儿。

岁月静好，只能换来日后的一穷二白

▶▶ 清闲，才是对一个人最大的惩罚。

_01_

上面这句话不是我说的，是白岩松在《痛并快乐着》这本书里说的。

这本书讲述了他从大学毕业到初为人父，从担任中国国际广播电台的主持人到成为东方时空的主持人，从在报社工作到在电视台工作期间的种种经历、见闻和感受，其中贯穿了时代变革的大背景。

通读全书后我发现，他很少让自己闲下来。少量的闲散时间带给他的几乎都是无尽的焦虑和忧思，而奔波忙碌似乎是他20岁到30岁的主旋律。当然，也多亏这些奔波忙碌，让他走出了迷茫和不安，坚定了自己的理想与热爱。

书中讲到大学毕业实习那会儿，为了户口能落在北京，他只有努力争取留在中央三大台（中央电视台、中央人民广播电台、中国国际广播电台）工作。考虑到中央电视台不招人，中央人民广播电台在当时又是大热的单位，竞争激烈，为了保险起见，他选择去中国国际广播电台实习，这样转正的机会更大。于是他每天都积极表现，端茶、倒水、打扫卫生，还有一点最为重要，那就是不迟到。

当时白岩松所在的中国传媒大学在北京东郊，距离位于复兴门外大街的中国国际广播电台大概有30千米远。如果每天挤公交车，非迟到不可，于是他和几个同学想出一个办法：他们每天早晨五点起床，蹭老师坐的班车。这和他们平常的作息时间十分不符，由于严重缺觉，他每次上了车都昏昏欲睡。

有一次，白岩松在半梦半醒中迷迷糊糊地下错了站，当时天色朦胧，他一个人被孤零零地扔在半路上。他在书中写道：“那一霎，我突然感觉到一种深深的悲凉，并第一次怀疑起这么奔波的意义来。”

但怀疑归怀疑，第二天他还是照旧早早起床。

我从这里读出了感同身受的意味。我刚刚参加工作时，时常怀疑自己所做的事情的意义，觉得荒废时间，前途渺茫，甚至想过要放弃，但最终咬牙坚持过来了。因为随着经历的增加，人慢慢都会领悟到一个道理：**忙碌或许不全都有效，但人真的不能一直闲着，因为大部分人都是在不断忙碌中，才最终找到了一条适合自己的路。**

_02_

前阵子和朋友 COCO 小酌，喝到微醺，她眼神迷离地对我说：“我的日子怎么会过成这样？身在祖国的首都，正值大好年华，我本该把日子过得生机勃勃，可现在每天都是千篇一律地刷着过。

唉，大城市的优势我是一点儿也没利用上。”

“工作不开心吗？”我关切地问。

“也不是不开心，就是每天都很清闲。”她怏怏地回答。

这就是原因所在，终日无所事事，自然没有成就感。**如果说整一个女人的办法是给她1000套最时髦的服装，不给她镜子；那么整一个有志女青年的方法就是给她一间办公室，不给她事做。**据我了解，我那位朋友恰恰是一位典型的“折腾型”人才，我见过她为了一台晚会夜以继日地工作，也见过她为了一个项目策划书废寝忘食，那时候她的生活丰富充实，整个人都神采奕奕。

于是我提议：“要不换份工作吧？”

她点了点头，似是做了决定，但又没明确表态。我知道要下定决心脱离清闲的日子并非易事，于是也没多劝她。

实不相瞒，我也有过这种境遇，也经历过很长一段“温水煮青蛙”的日子。那时，我每天早上八点打卡上班，上网、闲聊一天，晚上五点再打卡下班回家。在日复一日的无所事事中，渐渐磨平了心志和理想，整个人的体态也愈发圆润。

而且人都习惯于变本加厉，越闲就越不想做事，起初我还愿意主动承担一些任务，到后来不到截止日期我绝不开始做事情。转折点是后来公司业务量突然增加，我独立负责了一个项目，要和客户接洽，要组织协调一个项目团队，还要频繁出差。当时的状态，就像一只长期待在温水里的青蛙，一下子被扔到沸水里，尴尬又冒失。

我发现，长时间的清闲已经导致我的业务能力严重退步，而且工作效率也不高，做一个简单的幻灯片都要一整天。再加上事情一多，有段时间我几乎崩溃。直到某次出差，我和客户公司的一个女生住在同一个房间，她比我还小一岁，回到房间就打开电脑整理出差报告。我笑着说："你真勤奋啊。"她笑笑："啊？哪有啊？"原来，这些对她来说都是再平常不过的事。

我突然意识到，人和人的差距就是这么一点儿一点儿拉大的。我一边打呵欠，一边玩手机的时候，她已经把今天的工作总结高效准确地整理出来了。因此，她可以在我的上游公司工作，而我虽然一直很想去她们公司，却拿不出什么像样的筹码。

于是那段时间我主动调整了工作状态，毅然决然地向领导申请换了岗位，担任项目经理，独立负责项目。随着职业生涯规划的渐渐清晰，我也越来越有精气神了。现在想想真是谢天谢地，浑浑噩噩的日子终于结束了。

回首过去我不否认，清闲固然自在，不用加班，不用汇报工作，不用面对人与人之间的沟通难题，但这份自在也正是杀死理想的温柔乡。回想那段时间我真是后怕，若是再待几年，恐怕我整个人都要废掉了。

人生如逆水行舟，不进则退。上学的时候，因为过分安于清闲，你无法做出一份精彩的简历，招聘会上频频碰壁；上班之后，日子太清闲，你会对现状失望，对未来灰心，而最直接的恶果就是——钱不够用。可想而知，一份清闲的工作注定无法带来可观的薪水，这是我朋友 COCO 的亲身体会。起初那两年她并未察觉到混日子的危险，偶尔从单位翘班溜出来，逛逛商场，尝尝甜点，小日子也过得挺悠闲。

直到有一次她在商场看上了一件非常漂亮的大衣，扫了一眼价钱之后，又赶紧趁店员不注意放回原位——那件大衣的价格几乎是她一个月的工资。回家的路上 COCO 只觉得羞愧和奋发之心同时袭来，第一次萌生结束这种生活的想法。

就在上个月，她如愿以偿地换了工作，我看到她在朋友圈发状态说："等姐月入过万，又是一条好汉！"我忙问她新工作感觉如何，她立即把领导表扬她的邮件截图发给我，并笑嘻嘻地回我说："虽然比之前忙，一时间还没适应过来，但我的生活终于重新有了希望！"

我由衷地为她感到开心。

_03_

我不知道现今社会，会不会有人真的甘心过着陶渊明式的田园生活。我只知道，**大部分人都是一边清闲一边心有不甘，因为从本质上而言，人是受欲望支配的动物，对自我有要求，对人生亦有追求。**

清闲是给那些已经功成名就、真正无欲无求的人准备的。但凡你还有理想、有热爱、有目标，就必须行动起来。

行动起来，你才知道你热爱什么，兴趣在哪里。

行动起来，你才知道你无法忍受什么，极限在哪里。

行动起来，你才知道你迷茫的是什么，出路在哪里。

你所有的梦想和大话，都要靠行动来实现。相信我，世上没有白走的路，一切的答案都在行动中。

与其期待英雄救美，不如做自己的英雄

▶▶ 身处困境时，我们总是盼望着意中人会奋不顾身地前来搭救。殊不知，现实如山，想要奔赴理想，需得自己熬过九九八十一难。

_01_

前阵子闲来无事，我去网上搜视频，偶然看到赵宝刚导演评价热播剧《我的前半生》，他大赞这是部好剧，连连夸奖演员演技好，但也不失公允地指出了里面的人设问题。赵导认为贺涵太能干了："几乎没他搞不定的事，但现实中怎么会有这样的男人呢？"

到底是大导演，几句话正中要害。现实中当然不存在贺涵这样的男人，就算真的有，也不太可能有那么多闲工夫到处拯救众生。而且，罗子君的转变也颇为突兀。我当然相信励志故事，相信人不

会一成不变，但一位十指不沾阳春水，只会刷卡摆阔的家庭主妇，在离了婚带个孩子且毫无工作能力的情况下，摇身一变就能成为门店的月度销售明星，并一步一步蜕变成职业精英，还顺手虏获了身边最优质的男人，这实在让人难以置信。

如果真是这样，那离婚有什么可怕？职场有什么难熬？大家干脆都哭着喊着求虐、求打击好了，因为这样才有机会成为人生赢家啊！我猜想编剧是想要通过罗子君离婚后的一系列转变，突出“女人只有独立自主，才能拥有美好人生”的主题。那我们就单从成长的角度分析罗子君离婚后，生活非但没有一落千丈，反倒迎来转机的不合理之处。

*_02_*

当生活泥沙俱下地摆在你面前时，其实是没人愿意为你遮风挡雨的。

我们看到，罗子君离婚后，她身边不计回报帮助她的人还真不少。首先是闺蜜唐晶帮助她重整旗鼓、找到工作，上班后也有老金、Miss 吴的力挺，甚至她的前夫，看到她被欺负时也会出手相助。然而这些人还远不及贺涵，他几乎在她每次刚落难时，就会跳出来英雄救美。可现实是，上班路上被挤掉了高跟鞋，出差错过了孩子生日，被同事排挤算计，这些都是再常见不过的事，每个人多少都会遇上。**这世间，每个人都各自淋雨，每个人都时间紧迫，没人会觉得，你受的这点儿委屈有什么特别。**

我有一位男同事，工作上蛮拼，不到30岁就已经是乙方的项目经理（相当于剧中罗子君前夫的职位）。我们项目的办公区域在杭州，他家在苏州。项目启动时，正赶上他老婆怀孕，温柔体贴的他为了照顾老婆，不得不每周两地跑。

本来想着可以陪老婆生产，谁料天不遂人愿，在项目一期结束，向甲方汇报的当天，偏赶上她老婆临盆。那是一个闷热而冗长的下午，他一边带领团队对付难缠的甲方，一边还要通过电话了解老婆的情况，安抚家中老人的情绪。

我们在场的所有人都知道那天的情况，眼见他站在一堆人中间耐着性子讲方案，额头上都是细密的汗珠，却没人可以替他做些什么。

最后汇报结束时已经晚上八点了，他连饭都没来得及吃一口，便连夜开车赶回苏州。第二天早上九点，他又准时出现在办公室，继续处理昨天的遗留问题。

谁的生活不是左右取舍？哪有那么多鱼和熊掌让你兼得。艰难的选择得自己做，九九八十一难多半也是自己扛，没人会怜悯你的柔弱，更不会有人从天而降做你的大英雄。你得自己变得强大。

我最初领悟到这个道理，是在一位亲人去世的时候。那段时间，恐惧、无助、孤独都化为无边的黑暗笼罩着一家人，尤其是我的小姑。

每当她向我哭诉，在她最艰难的时刻，无人向她伸出援手，甚至弃她而去的时候，我作为晚辈真的无从安慰。逝者也是我的至亲，从亲情上来讲，我的悲恸程度并不亚于她。我当时也觉得生活好像跟我开了个玩笑。我也曾无数次彻夜痛哭，只不过我更清醒，这种时候别人本来就无从援助，你只能一分一秒地自己挨。

一味祈祷、渴望别人来拯救自己，当真是可怜又可笑的。

_03_

越是成年人之间的爱，就越掂斤播两，根本没有那么多奋不顾身。

王朔说过，“成年人的爱情都很脏”。这个“脏”不是说衣着邋遢、体态不佳，而是指成年人对待感情的态度不够纯粹，夹杂了很多欲望和利益交换。

一个人跌跌撞撞地活过了前半生，切肤地体会过了人生百态和世事冷暖，很多单纯美好的东西都会消耗殆尽。人到中年很容易就活成了李宗盛歌里那个“道义放两旁，利字摆中间”的庸俗鬼。

面对爱情，就更要权衡利弊了。我身边就有单身貌美的年轻妈妈，甚至比罗子君还要吃苦耐劳。但是她看到这部剧的时候说：“呵呵，罗子君这种境遇放在现实中，别说贺涵了，连老金这样的人都是千载难逢的。”

我知道她不是瞎掰。

她没少相亲，但很多人听到她离婚还带个男孩，都会打退堂鼓。这当然也不能全怪那些男人现实，而是生活太难了。大家的前半生都疲于与命运周旋，后半生只想过些不用再为旁人操心的安生日子。

成年人的爱情，讲求的是便捷与登对。这里的登对是指，最好谁也不要拖累谁。

所以，当剧中罗子君难缠的家人给贺涵打电话寻求帮助时，贺涵颇为动情地对罗子君说：“你以为我搞不定他们吗？”我的确被感动到了，因为这种男人在现实生活中简直千年一遇啊。

_04_

整部剧从头到尾，我实在是没看出罗子君除了发型变了，上海口音消失了，还有什么其他自觉自愿的成长，也没看出她有哪些品质是闪闪发光到能够吸引贺涵这种绝世好男人的。而且，这种为了突出主题而强拗的人设也绝对不是真正的“亦舒女郎”。

亦舒笔下的女人其实更像唐晶。独立傲慢，果决勇敢，有钱有品，永远鲜活，永远清醒。

她能在经历了爱情、友情的双重背叛之后，面对罗子君的道歉，万箭穿心，依然冷静地讲出“让开，我要去上班”，也可以在受到了薇薇安的挑衅时，明明恨得牙痒痒，也可以云淡风轻地一笑而过。

她的友情土崩瓦解，她的爱情摇摇欲坠，但是你看不到她有一丝懈怠和灰心。她就是这样一个骄傲、坚韧、不服输也不依赖于谁的人。

安妮宝贝说过，女孩子，不应该凭空幻想有男子平白无故对自己热爱一生一世。这些都是泡沫。女人最好有一半活得像个男人，像他们一样，不把爱情当作生命的唯一源泉，做更重要的事。

而更重要的事，自然是修炼自己。生活的无奈与残酷，若是有谁可以永远不用领悟，自然是最好不过。可这样的人，终究是极少数。既然终将体会，早早练就一身本领最为妥当。与其盼望有那么一个人，在你受苦受难的时候，能从天而降，不顾一切地搭救你，不如自己做自己的大英雄。

活着就得历劫，死磕是唯一的办法

▶▶ 如果说，不辜负一段美好时光的最好办法是享受它，那么，不辜负一段糟心时光的最好办法，一定是勇敢面对它。

_01_

经常会有人问，该怎么度过生命中最低落艰难的时光。我的回答从来不绕弯：成年人的世界里没有别的办法，唯一的秘诀就是死扛。

我的表姐是一位出了名的美人，从小到大追她的男孩子络绎不绝。仗着一副好皮囊，在大学毕业之前她一直游戏人间，大四的时候忽然遇到我现在的表姐夫，电光石火间坠入爱河，并计划毕业之后和表姐夫一起去上海发展。

这一系列决定不由分说，简单知会过家长之后，表姐便踏上了南下的征程。

可想而知，两个刚刚毕业、举目无亲的年轻人，接下来在一座陌生的城市将要面对怎样的困难。由于手里没多少积蓄，表姐和表姐夫只能租住在一间小阁楼里，洗手间和厨房都要和另外两家人共用。

那真是一段颇为难熬的日子。上海空气湿热难耐，表姐在最初的半年时间里，皮肤一直过敏，还不停地掉头发。除了要克服自然气候带来的不适感，每一度电、每一滴水都要和“邻居们”锱铢必较。闷热的夏夜里，他们睡在空间狭小的阁楼里，翻个身都要出一身汗，那个情形特别像《蜗居》里海萍的经历，他们过的正是那样精打细算且没有明确希望的日子。当时所有长辈都替表姐捏了一把汗，心想，这孩子熬不熬得住啊。表姐承认那段日子并不好过，尤其后来她还在那个狭小的空间里怀了孕，生了孩子。所幸，日子的清贫、住所的逼仄以及所有的生活压力，她统统扛过来了，并且不曾抱怨半句。

那期间，我曾去上海参加口译考试，顺便去看望表姐。出发前我已经做好了心理准备，但亲眼见到表姐的窘迫生活之后，还是没忍住心疼起来。大概是看出了我的心思，表姐洒脱地拍了拍我说：“最艰苦的时候我都挺过来了。我记得刚来的第一个月，嫌厕所脏，每天大小便都在塑料袋里解决。有一天晚上，外面还飘着雨，我打着伞把塑料袋扔进楼下的垃圾筒时，确实悲从中来。但我想得很清楚，路是自己选的，再说生活哪能一直都是好日子，遇到困难的时候，咬牙扛一扛就过去了。”

我听得几欲落泪，想到表姐也是从小被家人宠着长大的，她小时候会因为晚上不是全家第一个洗澡的而哭闹，如今却连上厕所都要以最原始的方式解决。但是表姐脸上的乐观不是装出来的，仿佛那个两年未买新衣服、大着肚子和邻居吵架、大热天跑客户签单的人不是自己。她不是没在深夜里痛哭过，只不过此刻是真的从心理上挨过了人生的艰难，并且成长为自己想要的样子。

那时候表姐说：“我也不知道日子还会坏到什么程度，**但我相信我的态度可以决定这样的日子会持续多久。**”

现在七年过去了，表姐成了一家冷柜公司的华东区销售经理，还在浦东区买了房子，身家近千万。我无意和大家分享一部励志发家史，我只是想说，每个人都会经历一些独立支撑的艰难岁月。当被困难包围的时候，你要坦然接受，兵来将挡水来土掩，你要相信，这些晦涩的日子终会过去。你不能堕落，不要抱怨，你要韬光养晦，与它抗衡，带着必胜的信念。

_02_

我能想到的从低谷华丽翻身的最好榜样，就是女神汤唯。

汤唯被人熟知乃至名声大噪，是因为主演了李安导演的《色·戒》。但人生真的是处处有转折，就在汤唯拿奖拿到手软，声势一度盖过梁朝伟，大家也以为这个打拼多年的姑娘即将凭此在演艺圈站稳脚跟的时候，一个意外却悄悄降临。

2008年3月，电影《色·戒》被封杀了。一时间，各方猜测层出不穷。

汤唯的事业全面停滞，一夜之间从巅峰跌入谷底。众所周知，娱乐圈是个现实的地方，你功成名就时，大家对你趋之若鹜，你湮没无闻时，大家便对你避之不及。所以在当时，并没有人站出来为汤唯讲话，接受这个现实似乎是汤唯唯一能做的。但我们来看看，陷入生命最低潮时，汤唯是怎么做的。

她没有怨天尤人，也没有止步不前，而是选择了去英国进修。在后来的很多采访中我们可以看出，尽管那段日子很糟糕，但是她仍然神采奕奕，大方地说："我觉得我一定可以活得很好。"

事实上，她也确实做到了。命运只负责把她打倒，而站起来则全凭她自己。

在英国，汤唯首先要解决的就是经济问题。当时她手里除了少量的片酬和代言费之外，再无任何积蓄。为了赚够学习语言及日常开销的费用，她竭尽所能，做过街头艺人、羽毛球教练。尽管依靠这两份工作已经可以养活自己了，但她还是不甘心。

她知道自己的才华不止于此，于是又积极地给各大设计师邮寄自己的写真。很快，她就操起了自己的老本行——当模特。凭借精致的东方面孔以及良好的专业基础，很快她就成了英国著名设计师的御用模特。当她在英国拨云见日的时候，机遇又一次垂青于她。

这一次，她和张学友一起出演《月满轩尼诗》。凭借这部电影，她重新回归大众视野，打了个漂亮的翻身仗。

不得不说汤唯厉害，低潮时期没有自甘堕落，也没有四处诉苦、乞求怜悯。这些年她演的电影也大多是票房与口碑双丰收。她极少露面，但只要一出场，势必光彩夺目。有人评价她不争不抢却有一席之地，但任何一次轻巧绽放都离不开背后的坚持与执着。

现在的汤唯算得上是标准的人生赢家了。不能武断地说，是那段低谷成就了她，但是，彼时她面对低谷时的乐观从容，确实在一定程度上成就了今时今日的她。

_03_

《悠长假期》里说："人生不如意的时候，是上帝给的长假。这个时候就应该好好享受假期。当突然有一天假期结束，时来运转，人生才真正开始了。”

人生高低起伏本是寻常之事，任何事走到低谷，接下来就可能是转机。想通了这一点，你就能坦然地接受低谷了。走出的过程必然艰辛无比，但是你的坦然和热忱、理智和耐心，是让生活柳暗花明的一招必杀技。

生命遇到低潮期并没有想象中可怕，它不过是每个人的必修课，是你触底反弹的好契机。你不能逃避，要虚心接受上天的安排，也别抱怨，你要耐心等待，按照自己的计划，把生命中那些想做却迟迟未做的事提上日程，默默努力，修身养性。这是你能顺利扛过这一劫的唯一办法，也必定是你未来迎接光明坦途的绝佳资本。

我们这代人，拼的就是自愈力

▶▶ 世界上没有不带伤的人，哭天抢地没有用，能熨平伤口、迅速前行才是真本事。

_01_

《甄嬛传》里，我印象最深的当属甄嬛长街罚跪那一幕。

当日，甄嬛在长街冲撞了齐妃。说是冲撞，其实就是齐妃见甄嬛失宠，外加富察贵人挑唆，想一报当年甄嬛状告自己下毒之仇，遂趁机令丫鬟翠果当街掌掴甄嬛。

纵观全剧，这可以算是甄嬛在宫中受到的最大屈辱了，而且不同于以往的绵里藏针，这次是明着来的。

其实，以甄嬛才辩无双的智慧，即便失了宠，只要她肯抖个机灵，就足以化解这场危机。可甄嬛当时的境遇是：她才失去第一个孩子不久，神情恍惚，意志消沉，往日的神采和心气都不复存在。

因此她没有为自己辩解，只是跪在地上，一副认命而又无奈的样子，重复地说："你们一定要这样苦苦相逼吗？"然而两位娘娘并不买账，她们甚至讨厌甄嬛这副心如死灰、无欲无求的样子，不但打了她，还罚她跪了一个时辰。

看到这里，相信很多人都和我一样，在屏幕前攥紧拳头，内心呼喊着：嬛嬛，站起来！毕竟甄嬛已经伤心消沉太久，期间，皇上、惠贵人、温太医、果郡王都曾宽慰过她，甚至与她仅有一面之缘的敦亲王福晋也来劝解过，但她每次都是神情伤感，泪语涟涟，以至于最后皇上也不忍心来瞧她。

温太医为她把脉时，曾说她这是心病。

甄嬛只答："本宫无心药可解，就由着它病着吧。"

总之，那是她进宫以来遭遇的第一个低谷，谁说什么都无用，她只想自苦。长街罚跪之时，她问翠果："前面是翊坤宫吧？"

翠果答："是啊。"

"华妃呢？"

"华妃，好好的呢。"

她喃喃自语："是啊，都好好的呢。"

或许是痛在身，疼在心，她终于领悟到，不管她有多悲恸，这宫里的其他人还是一样过日子。丧子之痛，固然痛彻心扉，但是倘若一直消沉，未来势必会更加艰险难测。于是甄嬛及时自愈，触底反弹，重获宠爱。

我一直认为《甄嬛传》之所以大火，很大程度上归功于其台词直指人心。甄嬛失子之时，惠贵人曾说："这宫中已经够多伤心之人了，不要再多你一个。"这句话放在今天，仍是恰如其分。

_02_

随着年纪增长，一个残酷的现实摆在面前：**这个世界上，没有**

不带伤的人，心灰意冷没有用，你得自己爬起来。

我早前看过一个当红明星的采访节目，主持人上来就问："你是怎么火起来的？"说实话，我也很不理解她的走红。几年前，她与经纪公司闹翻，继而陷入事业低谷。网络上关于她的负面新闻铺天盖地：与女演员闹不和、和男演员传绯闻、造型土、唱功差、演技差、烂片女王……

流言蜚语多可怕，曾经逼死阮玲玉，也曾害死戴安娜。

记者问她："你遇到过这么多不开心的事情，你都是怎么排解的？"

她回答说："我对自己的要求比较变态，无论天大的事，比如失恋、失业，我都会让它迅速过去。既然发生了，就接受它。"

她还会疗伤似的自问自答："出了事，难受吗？"

"难受。"

"在这个过程中，你做错了什么，你该承担什么责任，想清楚了吗？"

“想清楚了。”

“那好，给你一个晚上，最多两个晚上，让这件事过去。”

我并不是她的粉丝，但看到这里，也不能不钦佩她的自我治愈能力。

这位娱乐圈里的当红女明星，这颗传说中的钻石心，原来也会伤、会痛，只不过她懂得从痛苦中快速抽离。

你看到的那些跑在前面的人，并不是他们生来幸运、路途平坦，而是他们逢沟跳沟、见坎跳坎，总有能力跨过苦难。

而苦难，随着阅历的增加，视野的开阔，再也不能用罕见来形容。

_*03*_

今年2月，一位朋友和我说，她的母亲去世了，她觉得自己的人生不会好了，她忽然不知道活着有什么意义，不想上班，也不想努力了。

然后是一阵号啕大哭。

我听得很心疼，告诉她，要是不上班会好过一点儿，就先休息一阵，四处走走，见见朋友。

她回复我说，她也不知道去哪，她觉得自己很没用、很无助。

后来，我每天听她说话，陪她聊天，没有刻意劝她，也没给她强塞道理，因为我知道，**这苦难，终究得是她一个人渡。**

渐渐地，她的情绪开始稳定，也主动去寻求了心理医生的帮助。

前段时间贾玲怀念已故母亲的小品异常火爆，我看了之后立马把链接发给她："你看，贾玲多棒啊，她每天多开心。"

她激动地附和："是啊是啊！"

几个月下来，我亲眼见证了她从每天夜里发无数条消息，到现在偶尔与我交流对人生的感悟，从哭着对我说，不想照顾爸爸，认为没有人会再爱她了，想去流浪，到现在不好意思地告诉我："我之前是不是太偏激了？其实没了妈妈，我还有爸爸呀。他心里也苦，我应该更努力工作才对。"

我忽然意识到，其实所有的苦难都是可以承受的。人最珍贵的就是那颗带着强大自愈能力的心脏。

_04_

王小波说："人活在世上，就是为了忍受摧残，一直到死。想明白了这一点，一切都能泰然处之。"

是的，这世界，每一分，每一秒，有人失恋，有人失业，有人被恶语中伤，有人食不果腹，有人面对生离死别。

我曾暗中观察过很多人生赢家，提起他们的成长史，都是一把辛酸泪。可谈资之所以能成为谈资，不是因为这段经历有多苦，而是因为这么苦居然能熬过来，而且还过得这么好。

人生是一场无休止的试炼，我们这代人，从青葱豆蔻到耄耋之年，注定生存不易。但能好好地活到现在，拼的就是自愈力。

人生没有白走的路，好的坏的都算数

▶▶ 条条大路通罗马，总有一天，你会感谢那些“被荒废了”的时光。

_01_

刚参加工作那会儿，有一次我去上海出差，顺便去看望一位学长。那时他刚从英国回来，在浦东区找了工作，租了房子。知道我要去，他热情地问我想去哪玩，要做我的导游。我对上海也不熟悉，就让他推荐一下。

他上网搜索后说：“不如我们去1933老场坊吧，据说是电影《小时代》的拍摄场地，文艺青年都喜欢去那里。”

我想都没想就说“好啊”。

于是第二天，在各自结束工作后，我们两个便直奔那里。说实话，那就是一个被重新改造过的废弃工厂。里面有些屋子被改装成了餐厅，有些被租来办公，可供参观的地方少之又少，实在没什么好逛的。遛了一圈儿，他看我心不在焉，便提议说："不如我们找个地方去吃点儿东西吧？"我连连点头："好啊好啊。"

然后他就开始查询路线，我们坐了几站地铁，从一个换乘站钻出来。最后的结果就是我们绕着那个地方，走了将近一个小时的路，也没找到合适的餐厅。

后来，我们七绕八绕终于落座于一家日料店。他一边帮我打开汽水，一边歉疚地说："不好意思啊，今天害得你走这么多冤枉路，都是我的错。"

"不会啊，我觉得人生没有白走的路。"

我发誓，忽然和一个不算太熟的男孩子说这种故作高深的话，真的不是我的风格。以至于脱口而出的那一刻，我自己都吓了一跳。

但我说这话还真不是出于体贴的心态，好让他不至于尴尬。而是，我喜欢他，他带我绕路的这段时间，刚好我可以有一搭没一搭地和他说话，借机了解他。

而且，从前我对他多少有点儿仰望的姿态，想想看，他是爱丁堡大学的研究生，家境优渥，长相端正，工作又是在人人称羡的世界五百强外企，饶是骄傲自信如我，也不免自愧不如。但是如今，我突然发现他竟然是个路痴，心里便放松了不少。

因为绕路耽搁了一段时间，吃过饭后天色已晚，他不放心，亲自送我到虹桥火车站。我们在熙攘人流中依依惜别，他还郑重地抱了我一下。

正是因为这临别一抱，后来我们顺理成章地在一起了。虽然最终我们还是分手了，这件事也带给我短暂的灰心和气馁，但我并不觉得后悔，因为他的的确确让我变成了一个更好的人。

有了这段经历，我发现，不单是感情，世间很多事情都是如此：在发生的当下，你可能会觉得无聊或者挫败，但是它的作用会慢慢渗透到你今后的生活中，要到很久之后，记忆的开关突然被触发，你才能真正觉察到它的意义。

_02_

我的好朋友 S，她人生中最悲壮的事迹就是经历了两次高考。第一次能勉强读个本科，但她觉得寒窗苦读十几载，把自己交代给一个普通大学实在是心有不甘，于是下定决心去读“高四”。

我去大学报到前去看望她，个子小小的她新剪了一个齐耳短发，俨然一副削发明志、背水一战的样子。她所在的班级是复读班，所有的同学都在埋头苦读。我轻声唤她出来，在空旷的走廊里，我们没聊太久，我告诉她我的新号码，她说她不用手机了，这一年要专心学习。

在回家的路上，我想到她瘦小的身体和深深的黑眼圈，心里一阵难受，又是暗无天日的一年，她该怎么熬啊！其实，当年我的成绩也并不算很理想，但复读这回事我压根连想都没想过。那种感觉就像是好不容易浴火结束，虽然没能涅槃变成美丽的凤凰，但变成乌鸦就乌鸦吧，能飞就成，我可不想再跳火坑了。

但是S不同，她对自己狠得下心。那一整年，我都没敢打扰她。

第二年高考揭榜，造化弄人，她的分数只比去年高了三分，依然只能读个普普通通的二流大学。知道成绩后，她约我出来，咨询我应该报哪所大学。

我看出了她的沮丧，试探着问她："要不要再试一次？反正你年龄比我们小，你看俞敏洪都考了三次呢。"

"不了不了。"她连连摆手，"我妈也建议我再试一次，她说要不这一年的时间就白费了，但我不这么想，这一年我是过得苦，虽然结果还是不尽如人意，但我觉得值。首先我试过了，我问心无愧。其次我还知道了，我是真的不适合学理科啊。"

哈哈哈……我们一阵狂笑。

她后来报了一个师范学校，学日语专业。毕业后在国内教了几年书，现定居日本，时不时喊朋友过去玩，过得自在洒脱。

要说朋友圈里这些年谁活得最潇洒，她当仁不让。似乎高考结束后，她的人生就变得随性恣意起来。我现在偶尔看到她发的长发飘逸、笑靥如花的照片，还是会忍不住想起很多年前，那个梳着齐耳短发，义正词严地告诉我她要抓紧时间回班级学习的小姑娘。

对于她的变化，朋友们一致的解读是，自从经历过中规中矩的“高四”岁月，她便多了一些豁达，类似于“这么苦的日子我都熬过来了，这么大的失败我都经历了，没什么事值得我放在心上了”。她原来的那种拧巴和较劲渐渐被岁月风干，看事情的角度也变得更加宏观。

那曾经被所有人认为是荒废了的一年，让她突然开了窍，也让她以后的人生态度更加乐观。

_03_

著名作家村上春树说过，他在写小说前，曾经有过十年开饭馆的经历，那些生活对当时的他而言似乎毫无意义，甚至是一种折磨，因为他并不热爱这项工作。他习惯独处，而经营一家餐饮店，势必要和旁人打交道，他不擅长也不喜欢。但是出于生计需要，他还是坚持做了十年。

后来写小说的时候他才发现，正是那段时间让他有机会观察很多人，认识到与他人相处的重要性，领悟了一些社会性的问题，并在四处碰壁之中学会了生存的诀窍。正是这些艰难的生活体验，激发了他的灵感。

他后来总结说，他能写小说，还真的多亏那段时光。

很多时候人生就是这样，你总说你爱过几个人渣，被生活碰出了几道疤，但是别忘了，正是这些经历铺垫了你来时的路，成就了今日熠熠生辉的你。

_04_

我知道，人生中势必会有很多艰难而乏味的时刻，这些难熬的日子逼得你不得不一遍又一遍地问自己：我究竟为什么要和这些笨蛋共事？我为什么要日复一日地统计这些琐碎的数据？我为什么每次都遇人不淑、浪费感情？

你怀疑这些杂乱琐事的价值和意义，你感慨这些庸常小事荒废了你的青春和天赋。可生命有无限的可能，你不知道哪些平凡无奇的瞬间，突然就变成可以写进墓志铭的永恒。

终有一天你会发现，是那些看似不那么光鲜的时光，教会了你坦然面对失败，客观认识自己；是那些看似不那么体面的经历，让你知道自己真正热爱的是什么，永远不会触碰的是什么。

人生向来九曲十八弯，没有谁可以一马平川。你一定要相信，人生没有白走的路，就算是绕道而行，也会遇见新的风景。

/Chapter 2/

越是精致的姑娘，上天给的奖赏越多

所有对美的追求，都值得被尊敬

▶▶ 不要小看一个可以随时随地保持美丽的人。

_01_

前阵子我负责的那个项目，由于前期真的很忙，导致我经常加班，每天要吃夜宵才能供得上身体的消耗。再加上最近生病，手术后回家大补了半个月，我整个人看起来都略显丰腴。

我察觉到这一点是因为有一天，乙方的项目经理和我在业务上发生争执又辩驳不过，当着全组的人冲我喊："闭嘴，你这个胖子！"

我发誓，在那之前，没人这么形容过我。

那一霎，仿佛时间都静止了，一向伶牙俐齿、不甘示弱的我在众人期待的目光里忽然泄了气。

我忘了我们争论到哪里，也不记得我上一句在坚持什么，空空荡荡的脑海里只剩下那句话在嗡嗡作响——那个“胖”字令我气焰全无。很显然，如果我瘦骨嶙峋的话，他断然没理由说出这样的话。

于是当天下班后，我饭都没来得及吃便心虚地溜进超市买了个体重秤。虔诚地沐浴熏香之后赤条条地站上去——55.65kg。

要知道，我的身高只有160cm 啊。更要命的是，我竟然一直没感觉到这种变化，甚至坚定地以为，我的体重依然维持在毕业时的48kg 左右。而这7.65kg 的差距真的不容小觑，这个重量远远超过了公司新配给我的那台笔记本，我每天背着它上下班，简直重死了。

也是我自大，意识不到自己年纪渐长，代谢缓慢，从不节食，鲜少主动运动，甚至都没定期称自己的体重。

此时此刻，我拒绝做一个胖子。第一，胖了穿衣服肯定不如从前好看，不论怎么用心搭配都会显得臃肿浑圆。第二，赘肉太多会削弱少女感，街上那些初中生、高中生，都是细高细高的。而且人不管多大年纪，只要瘦，那么整个人看起来，就仿佛还在纵向生长。

所以，我决定减掉5kg。无论是出于一个女孩子对于美的不懈追求，还是虚荣心作祟，我都绝不允许自己变成一个胖子。

_02_

于是，我给自己制订了一个计划——节食加运动。第一天，晚饭我什么都没吃，还做了二十个仰卧起坐和一百个侧抬腿，运动刚结束，肚子便咕咕叫了起来。我躺到床上又坚持了半小时，只觉得头晕眼花，最后终于支撑不住，爬起来吃了两块蛋糕。

第二天，我总结了前一天失败的经验教训，特意在运动前吃了一个鸡蛋和少量菠菜。晚上果然没饿，洗过澡后，我在一种莫名的骄傲和满意中睡去。

第三天、第四天也是一样。

第五天，单位加班，脑细胞消耗太多，下班之后，我和大家一起吃了份炒面，没有运动。

第六天，周末，我只吃了一顿外卖，没力气运动了。

第七天，我一边做仰卧起坐，一边追韩剧，看到女主角一家在吃泡菜配拉面，心想：算了，我为什么要这么委屈自己？我才不要过这种节制紧绷的人生，人生本该恣意开阔。于是我起身煮了一碗泡面，还加了蟹棒和火腿肠……

就这样，我的减肥大计在断断续续中坚持了一周，以失败告终。更让我绝望的是，我并没有对此感到遗憾或难为情，因为我身边都是比我还胖的人。所以我一度自暴自弃，觉得大家一起“堕落”挺好的。

_03_

这样的想法虽然可以让我在大部分时间里心安理得，但是要知道，人生总有一些不得不面对的时刻。

有一天，我约见了朋友老 A。老 A 是鸡汤文写手，她的公众号每天早上七点，准时教导年轻人如何通过勤奋自律成为更好的自己。我们吃过饭后，她建议去 Dior 店逛逛。进去之后，我们几乎同时被一件西装外套吸引。

老 A 二话不说，直接让店员取下来试穿。

另一位店员注意到了两眼放光的我，说："小姐，您要不要也试一下？"

我连连摆手："不了不了。"谁不知道能穿得进 Dior 衣服的人，除了要有钱还得是活衣架啊，我才不要自取其辱。

老 A 够瘦，轻轻松松地就驾驭了那件外套，穿上之后更显得她身材标致了。我盯着镜子里的她，再看看自己……我猛然想起了她经常说的那句话——**世界正在惩罚不自律的人。**

我也尝试过减肥，知道坚持不易之后，才会由衷地对那些可以保持良好身材的人格外钦佩。每次走在街上看到身材好的人，我都忍不住朝对方行注目礼，并在内心嘀咕：他们是怎么保持身材的？

是不是都不吃饭啊？

要知道，不是每个人都可以克制住在美味面前拿起筷子的欲望，也不是谁都能为了拥有一件漂亮衣服而坚持运动。

这种钢铁般的意志，这种宁可流汗不要流泪的精神，这种勇于对自己下狠手的坚持，简直酷到没朋友。

总之，经历了减肥失败后，我尊敬并热爱所有身材好的人，他们甚至都不用说话，站在那里就是一碗鸡汤。

其实也不单单是减肥，所有的变美变好都是力争向上的表现。很多人因为懒惰、因为放纵、因为禁不住诱惑没有坚持下去，从这点上看，世界是公平的。

不是每个人都有好身材，不是每个人都是美人。而那些为了变得更好而持续努力的人，无论是为了戒烟兜里经常揣着口香糖的中年男人，还是为了变美经常学习时尚穿搭课程的妙龄少女，都是人生楷模。

毕竟，一个人的时间花在哪里是可以看出来的。有时间运动，自然就远离赘肉一身轻松；有时间阅读，自然就腹有诗书气自华。总之，**坚持吧，所有对美的追求，终会换来注目与尊敬。**

姑娘，温柔才是你的撒手锏

▶▶ 麦家碧说："温柔不是说话的时候声音轻，或者你用什么颜色，那些不是温柔，那些只是风格。温柔是要很勇敢地去包容一些你不喜欢的人，在人家不知道的时候，为他做一些很好的事情。"

_01_

前阵子一位微博大 V 在晚上11点的时候，向所有男性粉丝抛出了一个问题：什么样的女生最让你有好感？夜晚无疑是一个人最感性的时候。我作为一个女生，迫不及待地想要知道答案。点开一看，果然底下的评论也都颇为用心，其中前三位是这么说的：

第一位："不动声色地替别人解围，事后也不夸夸其谈。"

第二位："礼貌，大方。"

第三位："由内而外散发出美好的气质。"

以上几点，总结起来，逃不出“温柔”的范畴。仔细想来，拥有这种特质的女孩子，也难怪男生们会为之倾心，就算是同性，也忍不住想要向其靠拢吧。

_02_

去年夏天的某个下午，杭州突然下起大暴雨，下班的时候，雨水已经漫到单位门口。所有人都挤在门口的台阶上，等待同事的顺风车。当时我手头有工作没做完，完美地避开了这一壮观景象，等我下去的时候，只看到了火姐。

火姐当然只是个昵称，因其性格暴躁而得名。她一只手攥着电话，一只手不停地抓挠着头发，眉头紧蹙道：“大哥，你开车还是车开你啊，人都走光了，就剩我和几根柱子在这杵着呢。”

听到这话，吓得我赶紧找了根柱子躲在后面。不一会儿，一辆车子缓缓行至单位门口，火姐一个健步冲上去：“大哥，你还知道来呀？我都快冻死了！”

男人显然也有几分不耐烦，推开车门道：“你不会进去等吗？骂了我一路，你就威风了？”

火姐又回骂了几句，才别别扭扭地上了车。待车子渐渐走远，我终于从柱子后面钻出来。正想挽起裤管蹚过去，隔壁办公室的善善忽然走出来，热情地招呼我：“偏偏，你住哪儿？我们一起吧。”

我笑笑：“你怎么也这么晚啊？”

她答：“我老公单位今天聚餐，我就等了一会儿。”

她一边走向我，一边对着手机话筒发语音：“哦，没事没事，你慢慢来，注意安全。”发送成功后，又继续对我说：“他就快到了，路上有点儿堵。”

车灯亮起来的时候，她赶紧招手：“这里这里。”随后，我们两个上了车，车内很暖和，她老公一边给她拿吃的，一边满是歉意地对她解释，单位的应酬有多么无聊又无法走开。

善善依旧笑眯眯地说：“哈哈，不是告诉你别着急了嘛，反正又没什么事。”

我着实惊叹于她的好脾气。说实话，任凭谁等了一个多小时也是要“炸”的。虽然闹起来的结果无非就是像火姐那样和老公大吵一架，但总好过一个人窝火。但是善善偏不，看得出来，她的体谅和包容是发自内心的。

而这么做的结果就是，她老公的眼角眉梢都充满了歉意和关怀。

_03_

其实，我和善善接触的次数并不多，但有限的记忆并不妨碍我对她的好印象。

某次单位秋游，我们被安排住在一起。那种场合，大家都忙着吃喝和交谈。只有她愿意站在油腻腻的烤肉架前，忍受着煤炭的炙烤，不停翻动烤肉，然后乐呵呵地招呼大家过来吃东西。同事叫她唱歌，她就害羞地摆手说：“我不会，听你们唱。”晚上睡觉的时候，我委婉地提了一句自己脸过敏，不能对着空调吹，她就主动将外面的那张床让出来。第二天一早，她又轻声叫我起床。

她总是这样，自然而然地关心别人，极少在背后讲别人是非，也不对谁谄媚。曾有同事感慨地说：“娶妻当如善善。”就连公司里平日连领导都觉得头疼的调皮男同事，见到她也会多几分温和与敬重。

这就应了那句话：**你当温柔，却有力量。**她一出场，就能掌控许多别人想要发火或者想要躲避的场面。

说实话，我很少羡慕其他女孩儿的生活状态。我平常也是个铁腕铁拳、杀伐决断的人，但那天坐在汽车后座看着她，忽然忍不住感叹，温柔也不失为一种美好。大概也是见惯了火姐那类脾气暴躁的人，我反而会觉得，**温柔才是一种高贵的品质，稀缺而珍贵。**

_*04*_

我能想到的温柔典范，应该就是孙俪了。高希希导演说她眼睛里有别的女演员没有的清澈。大家都知道，娱乐圈是个戾气深重的地方，而她不刻意卖弄身段，博人眼球，就能让人过目不忘。

极少听到她与谁闹不和，无论演技还是人品，几乎都是零差评。但这些口碑并不仰仗她的城府，而是因为她是真正温柔的人。

她拍戏时，会给全剧组的人带好吃的，讲话会顾及所有人的感受。在老戏骨面前不做作，与新人搭戏也不跋扈。演员姜武评价她是单纯的实力派，更有许多年轻演员表示，最想成为她那样的人。

女孩子在年轻时，或许可以凭借美貌和张扬做成一些事情，但是逐渐成长之后就会发现，温柔才是终极撒手锏。

在很多次采访中，孙俪都毫不避讳地提及："我在家是服务型人格，一切都听邓超的。"从微博上也可以看出来，她从来都不会试着去掌控邓超，也不强制要求对方，但是邓超很爱她并且喜欢黏着她。

就是这样，她轻轻柔柔地活成了人生赢家。

作家黄碧云说："温柔事物，轻若不存在，但想必长久坚定。"**我们见过很多跋扈的脸和嚣张的灵魂，但是这样的人生，难免争议**

坎坷不断，并且过刚易折，终究是昙花一现。

而那些长久萦绕心中的力量必然来自温柔事物，温柔是麦家碧口中的勇敢包容，是男孩子眼里的美好气质，是寒风中下意识替你暖手的体贴，是夏夜昏沉中为你驱赶蚊虫的善良。

啊，真喜欢温柔的人啊，多想在疲惫生活里冲她们撒个娇。

谁更懂生活，谁就更善于发现美好

▶▶ 决定一个人生活质地的是他的眼睛，而不是他眼前的景色。

_01_

前一段时间，我在杭州参加了一场考试。我住的地方在萧山，而考试地点在三墩，从地图上看，这两个地方恰好位于杭州的东南角和西北角，中间跨了三个区，还隔着一条钱塘江。这就意味着我要起个大早，倒三趟公交车，途经数十站才能准时抵达。而我这个人平常就比较迷糊，加上在公交车上这么一晃悠，就更容易晕头转向。在第一辆公交上我还能勉强保持清醒，换到第二辆公交车上的时候，我实在是扛不住，睡着了。突然，司机一个急刹车，我惊醒了，发现大家几乎都下车了。我还以为自己坐过了站，心一惊，一个箭步也跟着跳了下去。

下车以后，我才发现还没到站，用手机查了后才知道，原来我一开始就坐反了！懊恼与沮丧自不必提，但就在我抬头寻找路牌的一瞬间，我忽然就平静了。

我发现所在的这条路的两侧都是山，山上的树木青翠欲滴，时不时还能听到几声鸟叫。当时是春天，天气晴朗，太阳不算太晒，与此处景致相得益彰，非常宜人。我在心里盘算着，怎么以前竟不知道这里还有一处“世外桃源”？我呼吸着清新的空气，步伐也慢了下来，又走了大概一百米，还是没有见到站牌，却看到一个售票处。我这才知道，原来这里是杭州植物园。

说起来真的很惭愧，我来杭州三年了，别人听说我在这里，都要盛赞这里是个好地方，我却没有真正游历过。事实上，我都很少离开公司和宿舍。西湖倒是去了几次，也只是偶然路过，远远望去，湖上烟雾缭绕，确实令人心旷神怡。但我总有事情要做，要么买衣服，要么陪客户，每次只能匆匆一瞥。就像这次路过植物园，我很想驻足，哪怕多呼吸几口新鲜空气也是好的，但我着急参加考试，来不及多想，就打了一辆车，急忙赶往考场。

_02_

年前小姨家的表妹来杭州实习，她一门心思想去灵隐寺拜拜，再逛逛雷峰塔，看看西湖。她计划和朋友同游，在出发之前向我打听："姐姐，雷峰塔和灵隐寺的票价都是多少，你知道吗？我同学要来，我想先做个预算。"表妹生性活泼可爱，声色也轻盈，发来的语音里透着一股娇憨和欢喜。

我当时正在开会，望着对面滔滔不绝的领导和一个个不知所措的同事们，只能装作俯下身记笔记的样子，把手机埋在笔记本里，迅速回复她："这个，我还真不知道。"

"啊？你不是在杭州两年了吗？那怎么办呀？如果我钱不够，你得支援我。"她开始向我撒娇。

"好好，你放心玩。"我将手机倒扣，继续听领导讲话。表妹一直以为我精明强干，但那阵子适逢我在工作上心灰意懒，常常是白天晕头转向工作，晚上倒头就睡，第二天又继续重复这种状态。我知道这不是自己喜欢的生活，可也不知道自己究竟想要什么样的生活，想一走了之，但又似乎舍不得什么。总之，非常不畅快。

于是，就在那个昏昏欲睡的下午，听到表妹热忱洋溢的语音，我忽然有点儿羡慕嫉妒，外加蠢蠢欲动，我终于发觉，我已经太久没接触美好的事物了。

如果生活是一把刀，很抱歉，是我这个主人没有将它打磨得锋利光亮，反而让它日渐迟钝暗淡。

可我扪心自问，真的是忙到没有一点儿时间吗？并不是，我在工作中也会神游躲懒。我周末几乎不加班，但大部分时间都是瘫在家里看剧、睡觉，任凭大把时光溜走。是周遭没有什么美好的人或事物吗？也不是，美丽的风景距离我不过几站地铁，亲密的朋友也时不时向我发出邀约，是我自己在年岁增长里，渐渐地失却了那份心情。

下班后，看到表妹发在朋友圈的遮住半边脸的搞怪照片，我忍不住想起罗素那句名言："生活中不是没有美，而是缺少发现美的眼睛。"

而我的眼睛一直被眼前的琐碎蒙尘，我的心力都缠斗于熬人的工作和人事交接之间，目光所及之处，除了四四方方的电脑就是白昼黄昏，至于美好，早就无暇顾及了。

_03_

我知道，世上不止我一个人辛苦，每个人都有他的无可奈何。我最好的朋友曾在连续上班两个月之后对我说："我的梦想就是以后可以住进森林里。"每年到了固定时节，文艺青年之间也总流传着"逃离北上广"的说法，好像我们这一代的生活已经被通宵加班的工作、持续高涨的房价压缩得不余一丝缝隙了。但这绝不是躲进森林或者"逃离北上广"就能解决的。同样的环境下，仍然有人将生活过得有声有色，外部环境不是原罪，关键是你是否还保有一颗赤子之心。

还记得那句曾经风靡一时的心灵鸡汤吗？——"你苦战通宵时，布里斯班的灯鱼已划过珊瑚丛；你赶场招聘会时，蒙巴萨的小蟹刚溜出渔夫的掌心；你写程序代码时，布拉格的电车正晃过金色的夕阳。”这句话听起来真的不算励志，但读起来又真的诱人，它的精明之处在于将两种极端状态做了鲜明的对比，轻易就击中了那些已经紧绷太久的心。

诚然，我们不能靠划船、钓鱼、看夕阳来赢得社会地位，这些也永远不会是我们这些致力成为富一代的年轻人们的主旋律。但是，**总有那么一些时刻，我们需要逃离自己的“非舒适地带”，给精神松松绑，让心灵吸吸氧。**而在被疲乏与迷茫笼罩的日子里，这样的时刻无疑是一盏象征着希望的明灯，它带给我们短暂的放松，指引我们奋力向前。

生计固然需要维系，但生命更加值得被好好热爱。高压力和轻享受之间，每个人都可以自由地选择和组合。我们这一代，要时间有，要钱也不缺，如果有谁觉得生活缺乏美好，只能怪自己没有努力活得丰富。

愿你一生笑靥如花，伴随一世温暖长情

▶▶ 天真的人值得被爱。

_01_

有一次，我和一位老友起了争执，气到我甚至想从杭州飞回哈尔滨和她当面打一架。事情的源头说来可笑，竟是因为一首歌。

且称她为 Z 小姐吧，我们结识于微时，十多年的相处已经让彼此深谙对方的脾气秉性，说话聊天也早就习惯了去伪存真，是那种可以在未能成眠的深夜里互诉衷肠的朋友。

她读研二时，某天晚间忽然发来微信说："最近被论文折磨死了。偏偏，给我推荐几首歌吧！我边听边写。"

我从最近常听的歌单里随手传了几首给她。传到第三首的时候，她问：“‘二丁目’是什么意思？”

对，就是那首杨千嬅的《再见二丁目》。

于是我告诉她，二丁目是日本的一个街区，歌词的大致意思是两位友人约好了在这里见面，但是其中一人未能赴约，等待的那个人触景伤情，就写了这首歌。

Z 小姐沉默了一会儿，回复：“我可能不会爱听这种歌。”

“为什么？”我问。

“没来就没来呗，多大点事儿啊，太矫情了。”她轻巧地说。

我有点儿不服，很想告诉她，这首歌是杨千嬅的成名曲，词是林夕写的，还拿了1997年十大劲歌金曲的最佳填词奖。但当我耐着性子敲下了这些文字之后，最终还是统统删掉，似是怄气般地和她说：“喂，好友多年未见，等待的那个人一定非常想念她。兴许她为了这次见面准备了很久，还可能攒了好多话要说。可是街上车水马龙，唯独友人不见，难道不允许她伤感一下？”

她又答："我可能就是那个没去的人。"

我忽然觉得有点儿失落，仿佛这首歌唱的就是我们俩，多年未曾谋面，我还在为这场陈年旧约心心念念地精心准备，而对方早就觉得没必要了。

_02_

忘记了那天我们是怎么各自据理力争的，只记得我的确是因此而郁郁寡欢了一阵。显然朋友对这种一厢情愿式的深情已经不屑一顾了，而我之所以会生气，不是因为我不能允许她有不同的看法，而是我不能接受她的麻木。

我也不是向谁都推荐这首歌的，我也不是和谁聊天都能不做任何铺垫直奔主题的。我只是觉得 Z 小姐在我印象中是个柔软的人，一定会被这首歌曲打动。

我没有想到的是，**时光何其残忍，年岁的增长，打磨掉的不只**

是一个人的深情、理想、天真、情怀，还有她对这些美好的信奉。

但我又没有理由责怪她，我知道这些年她吃了不少苦。早年间，她也是为了挽留一段感情宁愿卑躬屈膝的那一方，她也是能写出煽情的、让人几欲落泪的友情信的柔情朋友，后来经历一次又一次的背叛与伤害，那双真挚的眼眸也渐渐黯淡下来，变得冷静而倔强。

我懂的，她经历了那么多，一定是把很多事情都看淡了，才口出不屑之语。我只是感怀，曾经那个写出“比起衣不蔽体，食不果腹，没人疼爱更让我难堪”的朋友，她如今要靠什么过活呢？

后来不知道又过了多久，大概是意识到我的情绪不对，她又补充说：“我不去可能不是因为我不想去，而是因为我害怕对方不去吧。”

我盯着这句话，半晌讲不出一句安慰的话。我很想请她放心，如果那个“对方”是我，我一定会去。我很想向她承诺，如果那个“对方”是我，我一定不舍得让她的深情落空。但是我知道，我不能自顾自地叫她振作，**每个人的成长都是抽丝剥茧的过程，现在的她，有权利选择一个自己觉得最安全的方式。**

虽然这在我看来，并不算真正的洒脱。

_03_

想起几年前，我看过张艺谋导演的电影《归来》。电影中的陆焉识（陈道明饰）因被迫害不得不和爱人冯婉瑜（巩俐饰）离别，多年后回到家中却发现爱人已经患病，认不得他了。

怎么办？爱人近在咫尺，却不能相认。在尝试了很多办法都无果后，陆焉识想到了给冯婉瑜写信，并在信中明确表示他会在本月五号回来。

于是，我们看到电影里已经两鬓斑白的冯婉瑜，在每月四号的晚上，都亲手用毛笔一遍又一遍地写着“陆焉识”的名字，直到满意为止。再在第二天清晨对镜梳妆，精心打扮，欢欢喜喜地去站台接她的爱人。

而陆焉识，亦是在每月五号准时从同一趟列车上下来。起初还祈盼他的婉瑜可以认出他，但几次心愿未遂之后，他仍然精心准备，就只为一次又一次的擦肩而过。

影片的最后，是陆焉识陪着婉瑜站在站台边，婉瑜手里的牌子上写着三个醒目而漂亮的毛笔字——“陆焉识”。漫天大雪飞舞，两个人并肩站着，视线向着同一个方向，非常动人。

在观看的过程中，我几度落泪。**两个各自经历了独立支撑的艰难岁月的人，并没有因为生活的捉襟见肘和社会的变态丑陋而放弃对彼此的爱意和信仰，仍然会为了一次会面，反复练习。这才是真正的勇敢和美好啊。**

在现在这个经济快速发展的时代，我从不觉得那些敢于宣称自己离了谁都活得了，并对深情厚谊嗤之以鼻的人有多么厉害。他们只是被生活的残酷吓得失去了斗志，害怕真情错付，害怕所托非人，才会在被命运撕扯着成长后，去做那个“宁教我负天下人，不教天下人负我”的人，可这一点儿都不酷。真正的潇洒应该是，**受过了很多委屈和苦难，依然敢爱、敢依赖。**

亲爱的，生命中的一些坏事，诸如遭遇背叛和抛弃、受到嘲讽和白眼，我知道你很难当它们没发生过，很遗憾，世间也无人能帮你挡掉它们，我只祈求你平安度过，不因此变得面目冷漠，在抖落一身灰尘之后，依然是一个天真、深情的人。

世上所有的好运，等于你积累的人品和善良

▶▶ 善良，是一种柔软而耀眼的选择。

_01_

几年前，我有一次和领导一起出差，仔细安排好行程后，到了杭州东站我才猛然想起还未取票。早上9点，队排得很长，眼看还有20分钟就要开车，领导面无表情，我心急如焚。于是硬着头皮走到队首，排在第一个的是一位年轻的姑娘，我怯怯地问："那个，不好意思，我和同事急着出差，我们的车马上就要开了……"

她点了点头表示理解，随即后退一步，把取票的位置让出来。

我感激得差点儿给她跪下。因为我知道插队是一件多么不光彩的事情，也做好了被果断拒绝或者数落一通的心理准备，所以这样

的结果有些出乎意料。而且在她的脸上，我看不到一丝为难，也没有一点儿居高临下的意思。似乎就是看到一个急慌慌想弥补自己错误的人，出于礼貌和善良，顺理成章地伸出援手。

事后我连连道谢，她反倒比我还不好意思，一直笑盈盈地说：“没关系，真的没关系。”

直觉告诉我，她一定生活得很好，至少不用为了生计争分夺秒。我确信，这种松弛的状态，并不一定是因为生活阶层高级或者物质生活丰富，更多是源于心态的豁达。因为心态宽松，所以待人接物也不会过分计较，与人方便的时候也不会反复权衡考量，生怕自己吃了多大的亏。

所谓心慈而貌美，善良的人都有自己独特的美好气场。到现在，我虽然记不清那个女孩的样貌了，但在我的印象中，那是一张非常美好的笑脸。虽然这种小事在她眼里，可能就是特别稀松平常的事，但我由衷地感恩出门在外可以碰到这样如阳光般温暖的人。

我深深知道，并不是所有人都具备这样的特质。

_02_

早在很多年以前，我还在读书的时候，临近过年约了好朋友想从大庆去哈尔滨做头发。那时候我所在的城市不够发达，网络购票也还没普及，大家取票买票都在同一个窗口排队。当时有一个女孩，应该是着急回家，但因为什么事情耽搁了，所以来不及取票，于是就试图和排在最前面的大姐商量。谁料她刚刚开口，排在我前面的一个男生就在队伍里嚷嚷开了：“你别废话了，这里谁不着急啊？”

在众目睽睽之下，那个女孩“哇”的一声就哭了。我无意道德绑架，插队在任何时刻都不被允许，而且我当时也很着急，也不希望再有人排到我的前面去。但那天的情况是，现场很乱，没有工作人员维持秩序，出票口乌泱乌泱地挤了很多加塞的人，那个女孩其实可以趁乱混进队伍里去，但是她没有，而是抱着商榷的态度，想求个通融。所以，当那男生出言不逊的时候，我非常鄙视他：你可以不同意，但不至于破口大骂，谁都不容易，有道理但可以好好说。

不一会儿，那个女孩情绪平复，开始打电话，似乎是向家里人报备自己的行程。她没有继续纠结取票的事，也没有回骂那个男生。而那个男生，在骂完那个女孩之后似乎更气了。他本来背着一个双肩包，两只手里各提着一件行李，这时干脆把行李往地上一撂，队伍向前挪动的时候，他也没好气地往前踢他的那两个大包裹。大约踢了两米远，他四周环顾了一下，突然扔下包裹，大步蹿出队列，径直跑去取票口。

我和朋友被眼前这一幕震惊了，朋友小声地跟我说："这是什么人啊？大过年的跑这儿来发疯。"

大家知道，哈尔滨冬天会下雪，大厅进进出出的人又特别多，地上又湿又脏，而且很滑。果然，这家伙没走两步，就摔了个狗吃屎。

在场的人都惊呆了，只见他在地上打了个滚儿，迅速爬起来，踉跄着朝厕所奔去。我和他隔了两三个人的距离，看着他狼狈的背影，心想："天哪，报应这么快就来了啊。"

哪怕是现在回想起这一幕，哪怕到今天我已经能够试图站在他的角度思考问题——他当时可能很着急，也可能正因为什么事情心气不顺，我还是由衷地觉得，不论出于什么原因，一个不懂得善良和礼让的人，一个戾气如此深重的人，日子过得不顺遂，似乎也在情理之中。

_03_

我始终相信，世事皆因果，你心地善良，自然会得到好的福报，就算是福未至，但至少祸已远离。

我还在读小学的时候，有一次镇上来了一伙人表演杂技。当时我刚放学，便一头钻进人群中凑热闹。他们一会儿表演气功，用肚子把笔直的钢筋顶弯；一会儿又表演吐火，用嘴把火把吞进去，再吐出来。那是我有生之年第一次如此近地观看杂技表演，觉得万分惊奇，以至于表演结束后，我还有些意犹未尽。

就在他们收拾道具的时候，他们的头儿从口袋里拿出一个盘子，对大家说："今天的表演到这里就结束了，我们明晚还有表演。

我们一伙人从山东来，路过此地，希望大家有钱的捧个钱场……”

和电视剧里演的一模一样。

然而，在一声声吆喝声中，人群纷纷散去。毕竟看表演的大部分是大人，可能他们觉得这些表演并没有什么稀奇的，看过就各回各家了。看到这样的情形，我忽然觉得那些卖力表演的人很可怜。我当时年龄小，看到他们就不自觉地想起《水浒传》里的梁山好汉，想到他们个个身怀绝技却又命途多舛，当下就非常难过。

于是，我悄悄地绕到那个端盘子的人身后，扯了扯他的衣角，把兜里仅剩的两元零花钱递给了他。我当时也很紧张，第一次做这种“一掷千金”的事情，手心都有点儿冒汗。

那个人一看是个小孩，显然有点儿惊讶。随即敲锣打鼓地说：“大家瞧一瞧哦，第一个居然是个小孩，老天保佑这心地善良的孩子，她将来肯定能考上清华。”

后来，我虽然没能考上清华大学，但很神奇的是，从小到大我都是班里的佼佼者，在学习上，我也从来没让父母过分操心过。而且考试时，我少有失误，哪怕后来长大了变得淘气了，也经常靠着好运气超常发挥，取得令自己满意的成绩。

我不知道那些年我在学业上的顺风顺水，是不是当年“两块钱的善良”起到了作用。但我相信，持之以恒做些善良的事情，真的会推动我们的人生向着更好的方向发展。

_04_

善良是一种轮回和累积。你经常做一些好事，心境自然愉悦，为人处世也更顺畅。长此以往，好运也必然会降临。而当你的生活中充满好运气，你感觉被生活善待，自然也就愿意更多地释放善意。如此循环往复，你的人生势必会更加顺利，你也会变得更加耀眼夺目。

想想我们周遭那些真正善良的人，他们在做好事的同时，也总有好事围绕在他们身边。他们更包容，也更有力量，和他们在一起，总是让人觉得阳光普照，如沐春风。

善良的人总是自带耀眼属性。愿你做个善良的人，愿你被生活善待。

现在，就是最好的时光

▶▶ 在寂静无人的夜里，你骤然想起曾经的美好时光，只能抓紧被子，默默感叹：“啊，当时只道是寻常。”

_01_

2017年是我无比抗拒工作的一年。打开微信界面，搜索关键词“辞职”，一下会蹦出“99+”个对话框。当然也有一些是2016年的对话。我那时的抱怨是：“太闲了，闲得我快长毛了。我要辞职。”

现在想想，当时真是身在福中不知福。因为从某种意义上来说，没有压力还有钱赚，不失为一种相当理想的工作状态。

我记得2016年我生病，领导曾贴心地派同事去看望我，我收到了一篮水果和一大捧花。那一年，我也理所当然地请了很多假，在我觉得万分愧疚的时候，大家都安慰我说“身体健康最重要”。可是到了2017年，国庆节我因为想提前回家一天，不得不大晚上跑去项目总监的办公室，一边小心翼翼跟他汇报进度，一边战战兢兢说自己家远，订了早一天的机票。得到的回答是：“别的我不管，你必须确保把手头的事情做好。否则，我就算放你走了，你也得在家加班。”

话说出口，毫无商量余地。

于是我在前一天晚上发邮件、写总结、排计划，忙活了大半夜，仅仅出了一个小纰漏，就立刻有同事跳出来大加指责。

类似的状况在2017年时有发生，我以前经常抱怨工作环境是温水煮青蛙，我觉得我的同事“你好，我好，大家好”，整个团队没有一点儿野心和朝气。可后来换了新环境之后，我的同事经常因为一点儿小事争执不休，工作问题吵着吵着就会上升到人身攻击，以至于后来大家相互之间都看不顺眼，工作信息也不能及时共享。而且但凡项目出问题，大家势必会互相推诿，团队里谁的工作出现了错误，也免不了被见缝插针地挤对甚至举报。

我当然也不喜欢这样的工作氛围。

在这种情况下，我会经常忍不住感叹，还是过去好啊。过去工作一点儿都不忙，也没什么压力，同事之间相处轻松愉快，我可以偶尔偷个懒，而且有大把时间用来写稿子、赚稿费。如今我一心扑在工作上，牵头做了这么多事情，加了那么多天班，到头来还闹得人仰马翻。

那时候我几乎每天都在盼望这段糟糕的日子早点儿结束，工作让我变得一点儿都不可爱。

_02_

但当我写2017年年终总结的时候，我忽然不这么想了。那天晚上我坐在暖融融的办公室里，在结束了一天的工作，着手写年终总结的时候，我忽然觉得这一次不像以前那样搜肠刮肚了。我有很多业绩可以说，洋洋洒洒写好之后，我的内心有一种说不出的满足，觉得总算是对这一年辛苦的自己有个交代了。

除了书面的总结之外，我还进行了一番思考：这一年是我工作量最为庞大的一年，在最初的时候我会心浮气躁，也会顾虑不周，因而闹出了不少笑话，也做了很多无用功，我那时候之所以觉得累，很大程度上是自己的心态没能调整过来。

写完这些之后，我忽然发觉这一年好像也没有那么糟糕。倒不是因为我学会了多少技能，而是我真真正正体验到了责任与义务，学会了总结与反思。我能切切实实地感受到自己变得更加专业，对待事情的态度更加端正。

我记得当初我为了能在辩论时更具有权威性，还特地报考了项目管理专业人士资格认证考试，一不小心还考了个5A。虽然都是无心插柳的事情，但回想起来，步入职场这几年真的没有哪一年比2017年更上进了。这也让我更有信心去面对更烦琐的工作和更复杂的人事。

就算以后我想跳槽，我也有了足够的筹码。谁能想到，曾经最让我抓狂的工作，如今却是我工作履历上最大的亮点。

那么过去的一年里，我究竟在抱怨什么呢？要知道，不是谁都有机会得到这样的锻炼，不是谁都有机会品尝到职场的苦尽甘来。

当然，我也是走过来之后才发现，原来每个当下，即便再难熬，再不如意，只要你咬牙挺过来了，回过头看都是最好的时光。

但我们在经历的时候往往体会不到。想想看，我们读书的时候，因为课业枯燥、人身不自由，整天盼着毕业。等到真正毕了业，面对工作和生活的压力时，又开始怀念无忧无虑的学生时代。我们人类最擅长的两件事就是怀念过去和憧憬未来。

而现在，似乎成了被我们忽略掉的重要一部分。

_03_

我有个好朋友不久前刚结婚。昨天夜里，她忽然跟我发牢骚：“结婚真的很烦，很多事情都变样了，好像一下子就要当个大人。

我过年一共就这么七天假期，不仅要两头跑，还要给双方的七大姑八大姨准备礼物，真是头都大了。”

我说：“你别这样，等过一阵你说不定还会怀念刚结婚时候的甜蜜呢。因为你马上准备要小宝宝了，等他哭哭啼啼占用你很多时间的时候，你就知道现在好了。当你抱怨他害得你不能睡觉的时候，你就会开始怀念二人世界。等他长到七八岁，开始调皮捣蛋、不听你的话，你没准又要感慨‘怎么一不留神就长这么大了？都没来得及好好记录他成长的点滴呢’。所以，亲爱的，别抱怨了。现在，就是最好的时光。”

朋友哈哈大笑：“真有你的，果然是个大作家。”

“我没有安慰你，我是发自内心这么想的。”

人越成长就越能体会到，当下就是最好的时光。**因为现在的每一分每一秒，都是你余下生命中最年轻的光景。**你有最多的时间可以跌倒试错，你有最大的可能去实现最好的未来。生命固然会朝着某个方向发展，但其实你在一路成长，也在一路失去。从某种角度来说，每个现在，都是你拥有最多可能的时候。

电影《这个杀手不太冷》里，里昂对玛蒂尔达说过：“Life is always hard（生活总是很难的）。”**每一个当下，无论欢喜，还是悲伤，都把它当成是你的人生巅峰来过吧。**我知道人生势必要不停地向前看，但每当对现在有所不满时，我都会提醒自己，安安分分走好脚下的每一步，不要犹豫彷徨，不要急于求成。

因为，现在，已经是最好的时光。

你该精致，也该量力

▶▶ 所谓的精致生活，不是一味追求千里之外的奢侈和虚荣，而应该通过不懈的努力让自己活得更舒适、更得体，配得上所向往的生活。

_01_

我有一阵子很迷一档叫作《奇葩说》的综艺节目。其中有一期的辩题是：要不要刷爆卡买包包。当时选手们分属两个阵营，“真刀实枪”地打了一场扣人心弦的嘴仗。那期节目最终呈现出来的效果相当精彩，以至于第二天我到了办公室，平日里只谈育儿经的两个同事都在讨论这件事。

我从来没有刷爆卡买包的这种经历。**刷爆卡是什么概念呢？如果同样用三个字来代替的话，我想最贴切的莫过于：买不起。**

我喜欢但又买不起的东西多如繁星，一个包倒不算什么，可那么多东西都要据为己有，我实在是消受不起。

买东西，说到底是一件两相权衡的事情，这里给大家讲一个强行买买买的故事。

_02_

我的朋友小 S，人生得极好看，同时对生活品质也十分讲究。高中，当同龄人还在央求爸爸妈妈买 Adidas 和 Nike 的时候，小 S 已经可以面色从容地拎着 Prada 从旁人面前高傲地走过了。现在想来，这件事足以证明她的时尚意识和购买欲望相较于同龄人已经相当超前了。

但很无奈也很尴尬的一点是：她父母虽然宠爱她，但她还算不上是富二代，也就是说，她看上的东西，经常买不起。尽管她大方漂亮，可以“恃靓行凶”，很多男孩子愿意围着她打转，但毕竟大家都是学生，再想献媚也是心有余而力不足。

那时大家都没有信用卡，所以，她想买喜欢的东西，主要靠借。

我那会儿和她关系还算不错，在把大部分零花钱借给她之后，又眼看着她把能借的人都借遍，到最后，所有人都对她避之唯恐不及。回到寝室的时候，看着她穿着最昂贵的衣服，把食堂里一份油腻炒饭分成两顿，然后再装腔作势跟室友说："我在减肥。"

我在不理解的同时又有一点儿心疼。

高中毕业后，我们联系渐少。她的这种趋势却在社交网络上愈演愈烈，微博、朋友圈发的不是 LV 就是 CHANEL，好友都纷纷回复道，真是白富美呀。她一一道谢，很享受这种称呼。

后来有一次我们约饭，她年纪轻轻却珠光宝气，美得让我觉得有点儿眩晕，遂忍不住夸了她几句。

大概是因为知根知底吧，她跟我还算诚实，聊着聊着就对我说："有一次和爸爸逛商场，他看上一件600块的毛衣都没舍得买，我家的车是贷款买的，我自己也是经常一天一顿饭，然后把生活费全用在包和化妆品上。”她说这话的时候，眼神里掠过一丝落寞。

我实在不忍心见她忍饥挨饿，于是劝她：“你少买点儿吧。”

她说：“可偏偏你知道吗，我真的好心动啊，我想过精致的生活。”

说实话，我是最不迷信心动的。有人说过，人们其实根本不知道自己想要什么，直到你把商品放在他面前。想想看，自己的衣橱里有多少件衣服来自于那一秒钟的心动，而且，也别说什么难得心动怕错过，毕竟包是可替代的。错过了这一个，未来也会有更多更好可以取悦自己的物品，每个女孩子都要相信商品的迭代速度以及自己对时尚的捕捉力。

精致生活绝对不该是靠挨饿换来的，也不该是买了个好包，但不发朋友圈晒一下就完全感受不到乐趣。这些不是精致，而是虚荣。精致生活是悦己的过程，如果非要在他人的羡慕和赞叹中才能感到满足，精神上已经如此捉襟见肘，“精致”也就变成了一个特别可笑的词语。

_03_

每个人对于优越精致的生活都有渴望，这无可厚非。这种渴望不只是年轻女孩儿对于 LV 的渴望，也好比我高中时代想穿一双 Air max，到了大学又盼望有一双乔丹。

我曾经真的为了一双鞋跑去给高中生做了两个月的家教，赚了小2000块钱。我记得当时我喜欢的乔6大概需要1400多块，拿到了钱之后，我欢天喜地走到店门口。在进去之前，我一直琢磨的是，我该怎样撒娇卖萌才能让老板给我便宜100块钱，当时是下午四点多，太阳的余晖穿过两栋楼照射在透明的橱窗上，抬头的一瞬间，我清晰地看到了映在玻璃上的我的窘态，忽然觉得自己很滑稽。

那一刻，好像之前积攒的所有喜欢都变得微不足道了。因为我知道，即使我拥有了这双鞋，我背的包依然是200块，裤子依然是美特斯邦威，用的手机也才2000出头，我和这双鞋根本不能匹配。

可能是因为有了那一次的经历，我开始明白，**虽然物质是通往精神的一种方式，但买与自身经济实力不相符的东西，带给自己的**

压力和负罪感远远大于快感。于是，我再也没做过这种得不偿失的事情。

我不批判心动和精致，每个人都应该善待自己，每个人都应该竭力追求自己想要的生活，但倘若要靠刷爆卡才能换来，就意味着：你的实力不足以与它相称。尤其一个女孩子，年纪轻轻就背负着巨大的经济压力，滋味应该不是一般的难熬吧。

_04_

就我认识的人中，有很多背得起名牌包的女孩子。但还真没谁，是靠缩衣节食省出来的。人家都属于出门打得起专车，买得起头等舱的那一类人。她们也曾经和我们一样，垂涎过那些闪闪发亮的奢侈品，但是她们并没有急于一时，而是努力工作，提升业务能力，让自己的软实力先达标，让自己在拥有这一切的时候并不觉得吃力。

很多时候，我们其实过分夸大了衣服、包包的意义，对于开阔人生境界或者提升个人气质，也是帮不上忙的。所谓的精致生活，和你穿多贵的大衣也没有必然联系。

正如安妮宝贝所说，年轻的女孩，不应该一味把时间花在精心打扮修饰皮囊、渴望华贵奢侈的物品上，应该多读书，多旅行，勤恳工作，善待他人，热爱天地自然，珍惜一事一物。

这才是真正的精致，在关注肉体的时候，也不忽略灵魂，在追求外在的时候，也不耗损内在。

女孩子有权利购买自己热爱的东西，只不过在追求物质的时候也要量力而行。在面对心爱之物时，我希望你能从容优雅，而不是卑躬屈膝。

只有姿态从容了，生活才能精致。

恶意无休无止，傻瓜才会照单全收

▶▶ 聪明的姑娘，从来不把别人的恶意放在心上。

_01_

2017年的最后一个周末，我一个人跑去电影院看了《妖猫传》。当时各路影评家褒贬不一，我看后由衷觉得画面极美，故事情节也完整，虽说不能跟《霸王别姬》相提并论，但绝算不上是部烂片，于是当晚就直接在某网站上给了五星好评，并简单地写了几句评论。

接下来，令我意想不到的事情发生了——大概过了两分钟，就有人回复："你眼瞎吗！这种烂片也叫好看？"

在一阵莫名其妙之后，我立刻回复他我对电影中一些细节的解读，并补充说："电影也是有观影门槛的，你实在看不懂我也没办法。”

然后他开始骂人：你这只蠢猪……

我当即傻眼。我不知道自己做错了什么要在大晚上看到这些不堪入目的字眼，羞愤之下，我只得恶狠狠地敲下两个字：反弹！

然后在郁闷和忐忑中关机睡觉，我预感他肯定不会善罢甘休。结果第二天早上一睁眼，果然收到一条新消息，对方说：弹你脸上。

我气得一下子从床上弹起来，回复他：弹你全家！

就这样你来我往，直到最后他已经词穷了，反反复复地说一些车轱辘话，我也从秒回变成了一天一回或随手一回，但双方都没有停下来的意思。

转折发生在2017年的最后一天，我在和朋友吃火锅庆祝跨年的时候又收到新消息提醒。当时，我的朋友们正在团团热气中笑盈盈地对我举杯祝福，希望我新年取得新的进步，活得自由洒脱。那一刻我仿佛忽然开窍——生活如此美好，我为什么要如此在意一个毫不相干的人投射来的无端恶意呢？而且从措辞上来看，对方没准是个考试不及格被家长惩罚的小学生，或者是个整日酗酒的醉汉。总之，他应该过得并不开心，不然跨年时大家都忙着和爱人朋友相聚，谁会这么无聊，要靠在网络上骂人刷存在感呢？而我如果回骂他，只能证明我和他一样孤独寂寞。事实上，之前一周和他对骂已经让我觉得无聊透顶了。

所以，为了好好迎接新的一年，同时不给自己添堵，我到现在都没看那条消息。事实证明，我并没有因此损失任何东西，甚至在想通了这件事后，整个人顿感舒畅。至于这场骂战，就算我输好了。

我们读书时都学过，隔绝噪声的方式有三种：一种是从声源处改变其振动频率；一种是在传播途径上设置屏障；还有一种就是从受音者的角度出发，塞上耳塞或棉花。恶意和噪声一样。我们活在一个嘈杂的世界里，谁都无法置身在一个完全真空的环境中，对于发出恶意的人我们很难控制，但至少可以从控制传播途径和调整自己的心态上来杜绝伤害。

要么切断一切可以接收到恶意的渠道，要么就任由他人的恶意排山倒海地扑过来，本人就是不在乎。在信息传播高度发达的当下，练就这种心态显得尤为重要，**虽然恶意无边无境，但你可以选择不买账。**

我当然也是吃了很多次亏，才慢慢摸索出这个道理的。

*_02_*

工作之初我曾经加入过一个多方参与的大项目，我们公司往这个项目投了不少钱。某一天下班后我方人员和其他几方人员在项目组闲聊，不知怎么就聊到了这个项目的利润。

我当时也是多嘴，听到一位同事说了一个数字之后，觉得不可能，便接着说："投资都投了××元呢，收益怎么可能那么少。"

结果当晚九点多钟的时候，我忽然接到项目总监的电话，他直截了当地问我："小张，你怎么知道合同上的详细内容？"

我承认这件事是我不够谨慎，但我发誓，我真的不知道这是个秘密，不能公开。事实上，我之所以知道，是因为项目牵头人在让我加入项目时，为了突出项目的重大性告诉我的。当时他并没有说要保密。好吧，就算是个秘密，但是项目总监怎么会知道我了解合同的具体内容呢？我赶紧把来龙去脉说清楚，他听后倒是也没太放在心上，说：“这样我就放心了，项目组的人确实都有知情权，只不过你别再往外说了。”

我那时刚参加工作，性子还有些毛躁，便问他：“您是怎么知道的？是其他公司的人跟您说了这件事吗？”

“不不，这个倒没有，是小D告诉我的。”

我脑袋“嗡”的一下，当天晚上就失眠了。我回想当时的场景，小D确实在场，并且还积极踊跃地加入了讨论，项目效益这件事就是他最先提出来的。我很奇怪，为什么在我说出那个数字的时候他没有告诉我这个不能乱说，而是把这件事作为把柄，向领导告我一状呢？

是我哪里得罪他了吗？是我之前和他说话太直接了吗？好像都不是。虽然这件事情后来谁也没有再提起，但我心中不可避免地始终存有这个疑惑。起初，我还为此感到郁闷窝火，做事也处处谨慎，很怕他再次在背地里搞鬼，直到后来我听到他在其他人不在的情况下说三道四，诸如“某某没有责任心”“那个谁能力不行”之类，我才明白，原来他不止针对我。

我忽然释怀，那些被他说过的人其实都没做过什么得罪他的事，我们最初对他的印象也挺好。可他的恶意并不以我们的意志为转移，也就是说，哪怕我们每天对他笑脸相迎，他对我们的印象也不会有所改善。

所以，我能做的就是在听到他在背地里传一些闲言碎语的时候置之一笑，同时极少再和这个人接触，倒不是因为记仇，而是和他相处总能让我感觉到无边的寒意。

东野圭吾写过一部叫作《恶意》的推理小说，里面的凶手在得知自己患上癌症的情况下，杀害了无私提携自己的朋友，并且还精心布局诋毁朋友的名誉。负责案件的警察一直苦苦寻求凶手的作案动机，调查到最后，真相让人不寒而栗——“明明你是我最好的朋友，明明你那么善良，帮我实现理想，帮我隐瞒猥琐的过去，可是我却恨你，恨你实现了我的理想，恨你有了光明的前途，恨那个得了癌症的人是我而不是你。哪怕到了生命的尽头，我也要用所有的力气来恨你，不惜一切也要杀了你。”

听上去很不可思议吧？但事实就是如此。恶意最可怕的地方就在于，它的源头有时候真的无迹可寻，或出于嫉妒，或为了打压，甚至就是看你不爽。

有人的地方就有恶意，或许我们能力薄弱，无法左右他人的眼光和想法，但至少可以在恶意袭来的时候，学会保护自己免于这些无端的伤害，要知道那并不是自己的错。我们也要学会练就一颗强大的心脏，不被这些无聊的人影响心态和情绪。

_03_

说到内心强大，总是忍不住想起杨幂。乐嘉曾在一档节目里公开称赞过她：“很多人一被骂就受不了，难过抑郁哭天抹泪，但杨幂不，她甚至都不关评论，你们随便说，我无所谓。”

杨幂自己也在采访中说过：“我劝那些黑我的人省省吧，有时间做点儿有意义的事，这些真的伤害不到我。”

面对无限的恶意，我猜她最开始也难受过，但多年的历练终于打磨成了一颗钻石心。

我当然不希望自己整天被恶意包围，但我倒是很建议大家都能学习一下这种**面对恶意时的态度——自信强大，从容洒脱。**这需要很强的信念感和足够清晰的自我认知，不然别人一说什么，自己内心就崩塌了，正中心怀恶意者下怀。

行走于世，我们不主动释放恶意，但也绝不能被恶意所伤。恶意是阴暗无边的深渊，而我们要始终站在阳光里。

/Chapter 3/

很高兴你能来，也不遗憾你离开

爱情这个东西我明白，但永远是什么

▶▶ 过了某个年纪，经历了几段恋爱，即便嘴上不说，心里也都隐约能明白：永远太过虚妄，相爱的时候不辜负时光就好。

_01_

我之前谈过一个很喜欢的男朋友。

某天我们看完一场很棒的夜场电影，欢欢喜喜地往家奔。皓月当空，他忽然兴致盎然，拉着我向我告白。女孩子都热衷情话，何况他说得一往情深，于是我听得心花怒放。直到他说："偏偏，我爱你。我无法想象失去你该怎么办，我今后都不会再爱别人了。"

我当即愣住，顿了一下反驳他："别瞎说！有一天我们不在一起了，你难不成要为我打一辈子光棍？你现在真心实意爱我，我就很知足了。”

他当时急得眼泪都快流出来，举了很多例子想证明自己会永远只爱我一个人。

后来，我一语成谶。我们真的分开了，半年后他搭上新的女朋友，会在微博上对她讲些温软的情话，也会带她去世界各地旅行。

好朋友问我：“难过吗？”

我摊摊手：“嗨，意料之中的事。”

身为摩羯座，我算是朋友圈里对待感情问题最为沉着冷静的一个了。可当朋友问我感受时，我还是心虚地钻了个空子，没能正面作答。不得不承认，我明明知道那句“永远爱你”是句谎话，但当时还是没能藏住心里的得意，并为之感到幸福。

每个女孩子，都不甘心在爱情里只做一个过客，仿佛对“永远”两个字有一种与生俱来的执念。就像《万物生长》里，范冰冰饰演的柳青在决定离开韩庚饰演的秋水时说的那句："我要用尽我的万种风情，让你在将来，不和我在一起的任何时候，内心无法安宁。"

我们不知道怎样衡量一份爱的特殊性，只好拿时间作为标尺。我们总以为，爱一个人的最有力证明，就是直到生命尽头。

可现实是——爱情，具有时效性。绝大多数人都无法保证，这一生只爱一个人。

_02_

我最好的哥们儿要结婚了。我们大学同学四年，他恋爱过的对象，手脚并用都数不过来。忽然收到请柬，着实吓了我一跳。因为我总能想起，有一次他闹分手，深更半夜找我出来谈人生的事情。

他当时很喜欢那个女孩，分手的导火索说出来有点儿好笑。女生黏腻地问他："你会永远爱我吗？"这哥们儿特实诚，在认真思索了一番之后，掏心掏肺地对女孩说："我不确定。"

然后女孩就闹开了，后来每隔一段时间就问一次："你会爱我多久啊？我是不是你最爱的一个啊？"

他的答案也始终如一："不好说……说不好……"

我听完，笑得眼泪都出来了。我说："你真是好哥们儿啊，大半夜的把我叫出来就为了给我讲笑话啊，哈哈哈哈……"

他一副所托非人的样子，皱眉看着我："我求你了，你正经点儿。"

"哎呀，你傻呀，你随便哄哄她就好了。真不敢相信你这种情场高手会犯这么低级的错误。"

他的表情更加严肃："如果我现在骗她，以后我要是爱上了别人，她会难受的。"

我抓住漏洞，立即反问："你就料定你还会爱上别人，是吗？你就没有想和一个人白头偕老的冲动吗？"

他认真地说："我有啊，说实话，每一次谈恋爱我都有。但结果你也看到了，**爱情这东西它不受控啊**。天知道我有多爱她，可即便如此，我也不敢承诺。我能保证的就是，和她在一起的每分每秒，我都愿意把一颗真心挖给她。"

这次换我双膝一软，差点儿给他跪下来。通常情况下，男生都喜欢通过吹嘘来表达自己的爱，明明三分爱，也能平添七分。在此之前，我一直以为他能搞定形形色色的女孩，无非就是手段比普通男生高明一点儿。

但那次对话之后，我忽然对他的话有所认同，而且我确信他不是在撒谎。因为后来我目睹了他们的分手场面，女孩揪着他的衣领说：“你是不是从来就没想过和我结婚？”

我躲在暗处，忽然有点儿同情那个女孩，也替我这个哥们儿感到冤枉。他们分手的原因，其实跟未来无关。**女生太执着于永远，以至于把每个当下都过得战战兢兢，完全忘记了他曾经因为她多看了一眼钢琴，存了大半年的钱买来送给她。也忽略了他曾在她发烧时，半夜里跑遍整条街去寻几粒药。**

那些点滴都是他爱她的证据。可是这些可以握在手心的温度她嫌不够，一心只想抓住一些无法衡量的东西。

结束了那场艰难的分手仪式之后，他疲乏而难过，瘫在椅子上说："真累啊，你看，如果当初我说了一定会和她结婚，此刻她是不是更痛苦？"

我重重地点头。原来，做个诚实的"浪子"也不容易。

我一直认为，相比于那些动辄海誓山盟的男孩子，我这个朋友才是真正懂爱的人。**他宠爱她们，但是不会为了虏获她们的忠诚而去美化自己的爱意，他一直用最真诚的方式向对方解释爱情的本来面目，尽管很少有人能理解这份善意。**

_03_

不管怎么说，这位"浪子"真的要结婚了。得知这个消息后，我本能地想知道到底是个什么样的女孩儿"收"了他。于是，在好奇心的驱使下，我翻看了准新娘的微博，其中有一条让我看了好久。

她说："过了耳听爱情的年纪，反而会相信这个不愿意做什么承诺的大男孩。今生就交付给你了，我不图永远，只希望当下每分每秒你是爱我的。”配图是紧紧交握的双手。

底下有刻薄的留言：“不做承诺也许是不想负责任呢。”

新娘笑嘻嘻地回复：“哈哈，你怎么还这么毒舌啊，改天我们请你吃饭。”

哥们儿护妻心切，立马呼应：“对啊，我们一起请你吃饭。”

我开始有点儿欣赏这个女孩儿。面对好友的质疑，能做到不恼、不怒、不怀疑，着实需要很强的自信。而这种自信其实就来自他们爱情的点滴，来自对方给的宠爱，亦来自她自己的通透。

以前我看过马伊琍的一个采访，那时她和文章刚刚结婚。主持人李静对她说：“真羡慕你啊，其实娱乐圈里很多人谈恋爱了都不会太张扬，但你看文章整天把你挂在嘴边，这是多少女人梦寐以求的事啊。”

马伊琍笑笑说：“嗯，他是这样的性格。**但其实在爱情里，我们都无法预料以后会发生什么，我不能保证他以后会不会有这样或那样的变化，连我自己也是。**”

于是就有了后来我们看到的，当爱情真正发生变化的时候，她不是惊弓之鸟，也没有像一个怨妇一样指责他背信弃义，而是用爱和睿智，包容并化解这一切。因为她从一开始就没排除过婚姻中各种各样的可能性。

而我们也有理由相信，文章也不是从结婚那一刻就打定主意要出轨的，爱到最浓时，他说的每一句话都是真的，只是连他自己也没有想到，当爱情过了巅峰时刻，他也会动摇。

爱情固然美好，可谁能预知未来呢？即便说了永远，你又敢信几分呢？

讲句可能有点儿丧气的真话：**我们不轻易承诺永远，不是我们留有异心，而是我们知道时光太瘦，指缝太宽，抓住的过程就是流逝的过程，所以更愿意尊重爱情的本质——爱情是流动的，像一片海，我们过尽千帆，知道永远不可靠，但眼前的你，我仍想要。**

既然爱情发生在当下，那我们就好好享受当下。

世间所有真爱，都在细节里

▶▶ 越是真挚的爱，越是藏在最不经意的地方。

_01_

偶然在网上看到这样一段话："爱情里打动我的，从来都不是对方送了什么贵的东西，或者搞个什么大场面出来，还有承诺啊、海誓山盟啊，而是一种下意识的惦记。夜里醒来迷迷糊糊先给我掖好被子，回家路上想起我随口提起的东西就买了捎回来，吃到好吃的一定要往我嘴里塞一把。像小朋友一样，像爸妈一样，用天真对你好，用本能去爱。"

我理解的天真和本能，实非身外之物，有的时候爱一个人到极致，就会下意识地关心对方的喜怒温饱，呵护对方的身体发肤。

《红楼梦》第十九回中，某日中午黛玉独自在床上午歇，宝玉进来见黛玉睡在那里，忙将其唤醒：“好妹妹，才吃了饭，又睡觉。”黛玉只道自己前儿玩累了，浑身酸疼。

宝玉知道黛玉身子弱，担心她吃完即刻就睡生出毛病，于是忙劝：“酸疼事小，睡出来的病大。我替你解闷儿。”

但黛玉又往别处推他。

宝玉见此情形，便耷拉着脑袋说：“我往哪去呢，见了别人就怪腻的。”

黛玉一听，嗤的一声，笑了。遂腾出半边床榻给宝玉，令宝玉在一旁歪着，两个人玩闹了一阵才分开。

这是全书中少有的二人从头到尾都玩得特别好的一幕——黛玉不哭，也没吃醋，宝玉没发脾气，也不怄气，两个人高高兴兴地聚在一块，又欢欢喜喜地散去。尤其是，宝玉为了逗黛玉，还想出耗子精的故事来给林妹妹解闷，最后黛玉听出他是在打趣自己，两个人在床榻上打趣抓痒，那画面就让人觉得用什么“两小无猜”“情投意合”来形容这两个人都不够格，他们天生就该是一对。

《红楼梦》这本书我小学时读过插画版，大学时读过精装版，

87版的电视剧也看了好几遍。和大部分人一样，起初我对于宝玉的多情也抱着不能苟同的态度。看他整天不是为这个出家，就是为那个化作一缕青烟，对园中姐妹各个疼惜，心中也曾起过疑问：他到底最爱惜哪一个？但反复看过之后才发现，越是真挚的感情就越能从细微处发现端倪，他待黛玉始终是不同的。

比如这一回中，袭人恰巧生病，但宝玉只是找了大夫开了方子，嘱咐了几句，并未在床前陪同。反而是惦念林妹妹饭后即刻睡觉，于是又是讲笑话，又是挠痒痒，好容易把黛玉的困劲儿混了过去，他才放心离开。仔细想想，宝钗也是要常年服用冷香丸的，宝玉却从未说过："姐姐且多穿些吧，小心着了凉。"宝玉对黛玉的情爱，当得起痴缠二字，因此才会在很多细节处，下意识地首先想到黛玉，护着黛玉。

_02_

其实爱情里，**那些会令人脸红心跳的话语和场面大多是经过精心准备和反复考量的，但是下意识的细节绝不会骗人。**

说起来有些玄妙，在我过往的恋爱经历中，每段感情是怎么在电光石火间油然而生的，又是怎么如抽丝剥茧般消逝的，我统统记不得。甚至脑海中对方的脸都会在时间的冲刷中慢慢模糊，但很多让我可以确定对方是真的爱我的微小细节，始终历历在目。

记得某一年冬天，我和当时的男朋友外出逛街。哈尔滨的十二月，真是一年中最冷的。我们吃过晚饭后意兴阑珊地逛到商场打烊，出来之后走了很久都打不到车，于是只好各自缩在厚厚的大衣里等公交车。

当时已经很晚了，只剩末班车，昏黄的路灯下还飘着白雪，我一边跺脚一边跟他说笑，他忽然凑近亲吻了我，当我沉浸其中的时候，他忽然停下来，捧着我的脸，连朝我的鼻子哈了两口热气。

我到现在还记得当时自己脑子里冒出的奇怪想法——“为什么朝我鼻子吐气？难道是什么新的接吻技巧吗？”

就在我心中疑惑，脸上也展露出不解的时候，他忽然特别认真地看着我：“暖和点儿了吗？”

我这才反应过来，大概是在我们鼻尖接触的时候，他感觉到我的温度，所以做出了这样的举动。在那样的时刻，我忽然心头一暖，觉得比以往任何时候都更加爱他。

仔细想来，我和他分开已有几年的光景了，那些特别大的事件反而要努力回忆才能记起，而这件小事、这个小动作，我却一直放在心底，小心翼翼呵护着。也许对他而言，这就是一个非常自然而又随意的动作，微不足道，并不值得被纪念。

但是对我来说，这个贴心的小动作，是让我觉得异常温暖的瞬间。像夏夜的凉风，像山间的清泉，带给我愉悦与舒爽，幸福与感动。

_03_

我也曾和周围人探讨，发现大家虽然表面看起来是一群不太会被感动的大人，但躯壳里敏感细腻的点，其实都一样。

有一个人高马大的男性朋友，都快谈婚论嫁了，还一直对某个前女友念念不忘。原因说起来可笑，就是她曾在黑灯瞎火的情况下，陪他在马路上找项链。当时他们特别着急去参加他朋友组织的一个聚会，其实那条项链对他也并不是很重要，只是刚买没多久，丢了多少有点儿可惜。他自己都不怎么着急，但是那个女孩，偏偏肯蹲下身来，打开手机里的手电筒，跟他一起在地上找。他说，就是这样的细节，让他在她身上看到了别的姑娘没有的纯良。

而另一个看起来风情万种的女生，喜欢她现在颇为憨厚质朴的男朋友的原因居然是，有一次他们约好一起出去玩，男生临时有事要迟点到楼下接她，她一边装作生气，一边自己也在磨蹭。等她收拾好到楼下的时候，刚好看到男友从她家楼下的咖啡厅前边急匆匆地跑过来，看到她的时候，气喘吁吁地说抱歉。

都是很平淡无奇的瞬间，却又都是被我们视若瑰宝的证据。爱情里最迷人的，似乎从来都是这些细节，看似不够轰轰烈烈，甚至不足以成为谈资，但是很奇怪，最能够打动我们的，恰恰是这份不加修饰和准备的本能与天真。

我们吵架争论，我们欲壑难填，最想印证的也无非是一个“爱”字。

而世间所有真挚的爱，都在细节里。

情话，是所有女人的必需品

▶▶ 良药苦口治病，温柔情话救命。

_01_

前阵子有个男生追我，我也有点儿心动。说实在的，如果一个人情史颇丰，就算自己不拿那些前任做比较，周边的人也会很热心地帮你分析权衡。

于是，当我把这一进展汇报给亲人的时候，小姨忙问："人怎么样啊，跟那谁比呢？"

我说："人很好呀，最重要的是超级会讲话，是个货真价实的情话大王。"

小姨撇撇嘴："哎呀，漂亮话谁不会说啊？你得看他都做了什么，像之前那谁对你就非常好。"

我心想，才不是嘞，我之前的那位男朋友，对我的好倒是可圈可点，但是回忆与他在一起的时光，就像是由很多平淡无奇的日子拼接而成的一部默片。虽然从热恋到分手，情节还算完整，但总缺少一些言语间的相互挑逗和棋逢对手的浪漫情趣，以至于分开后，我竟记不住他说过的任何一句话。

于是我摆摆手，对小姨说："不不，人不好我也不会把他发展成恋爱对象，但好听的话还真不是谁都会说的。"

就像我之前嫌恋情枯燥，曾不依不饶地追问过前任："你到底喜欢我什么啊？"结果他苦思冥想，讲不出答案又怕过不了我这关，最后只得涨红了脸说："这……你问我，我也不知道啊。"

于是我的那颗提着的心，一下子就沉到海底。我没想到，自己随便一个撒娇式的提问竟然给他造成这么大的困扰。我更没想到，我要的不过是几句简单的认可与哄人的话，在他那里竟然那么难。

再比如我们一起看电影，我被里面的爱情故事打动，在电影院里潸然泪下。我本以为这个时候他能顺势讲几句暖心的话，结果他悠悠地站起来瞪着我：“你应该知道，这些都是假的啊。”

但我又无法责怪他，他就是讲不出令人心花怒放的情话，他就是一个纵然心中有情意，话到嘴边也化为乌有的人。我明白，**能讲出动听的话本来就是一种天赋，有则加分，没有也无法勉强。**

但两个人从相爱到相处，其实大部分时间都是靠琐碎的对话来支撑的。这个时候你就会发现，不会说话的人分分钟能够把天聊死，害得你完全失去倾诉的欲望，而会讲话的人言语间深知你意，又深得你心，与其交流当真是一件身心愉悦的事。

_02_

我认识一位作者，年前加入了编剧的行列，最近他正参与一部大 IP 的改编。

我问他：“原著写得就很棒啊，编剧再改的时候要注意些什么啊？”

他答：“这个吧，原著好归好，但拍成影视剧的话，对话就太少了。我们会根据情景多设计一些对白。”

我抱着学习的心态问：“那……挺难的吧？”

他也不藏着掖着：“那倒也没有，就是对白必须得甜一点儿，男主角必须是个撩妹高手。你还记得之前热播的韩剧《太阳的后裔》吧？就宋仲基那样的，这样大家会比较愿意看。”

我瞬间懂了。其实《太阳的后裔》我只看过前几集，但光是看个开头，我的少女心就被宋仲基的情话点亮了。

宋慧乔有一次连夜做手术，第二天刚好被宋仲基撞到没洗头发的样子，一时有些害羞，慌忙遮脸说要回去梳洗，宋仲基却笑得一脸灿烂：“什么啊，明明就很好看啊。”

还有之前全民都在追的《欢乐颂》，大家也偏爱一些高能撒糖的桥段，比如曲妖精替邱莹莹打抱不平，完全不顾形象，大骂应勤妈妈的时候，赵医生忽然一脸赏识地看着她笑，并在她说要去吃饭的时候，马上接了一句：“我送你。”然后就开启了花式“虐狗”模式。

这些桥段都让观众大呼过瘾。为什么呢？

因为情话很诱人，女孩子们都爱听。这爱意都雷同，这表达千万种。如果说语言是一门艺术，那么能把话讲得妥帖又令人愉悦的人就堪称艺术家了。

可能有人会担心，太会说话的人会不会轻浮、不踏实？**但爱情本来就是一件难以摸清规律的事，那些从没对我说过半句情话的人，最后狠心离开我时，也是连眼睛都不曾眨一下呀。**

反倒是那些平常爱说情话逗我，喜欢和我在言语上你来我往，能机智地接住我抛出的犀利而又生僻的梗的人，在彼此遇到分歧甚至剑拔弩张的时候，会对我“口下留情”。

因为我们都知道，能把日常对话演变成段子和诗的人，很难遇到。

两个人在一起，爱固然不可或缺，情话却能让爱开出花来。

_03_

我们大学时的系花，前段时间结婚了。要说从前，排着队互相铆着劲比谁更爱她、谁对她更好的男生，简直不要太多。

但她最终选择的是最会讨她欢心的那位。

认识她是因为一次上党课，当时我负责检查听课证，结果这位肤白貌美的女神忘了带，于是我义正词严地把她拦在门外。

她看我铁面无私，只好打电话求救。我当时离她不远，所以听得很清楚，对方是个男生，她刚说了声“喂”，那边立马就接话：“宝贝儿，怎么了？你说。”

然后我就看到电话这端的这位女神，抿着嘴笑了。不到五分钟，男生果然来了，高高大大，笑容可掬，又嘱咐了几句特别贴心的话，当时还没有流行“撩”这个词，但我站在一旁可以说是非常羡慕嫉妒了。

我当然也见过其他跑得气喘吁吁给女朋友送听课证的男生，但他们之中多是匆忙而尴尬的，甚至有的男生脸上还夹杂着几分不情愿。

后来我和女神渐渐熟悉，我问她："追你的人不少吧，怎么看上他了？"她笑："他这个人看着贫，但其实这些年就他爱哄着我，还是跟他在一起最开心。"

是啊，如果说同样都是追女孩，同样是送东西，心意都一样，能照顾到你的情绪，几句话就化解了你的尴尬，让你心花怒放的人，肯定赢吧。

_04_

王小波曾对李银河说："一想到你，我这张丑脸上就泛起微笑。"朱生豪也对宋清如说过："我们都是世上多余的人，但至少我们对于彼此都是世上最重要的人。"尽管爱情最后无一幸免都会归为平淡，但那些能把话说得好的人，日子必然过得鲜活又有趣。

世人都好，感情也真，但情话是一剂灵药，能帮助我们对抗平凡岁月。愿你我都能找到那个愿意柔情蜜语真情相伴的人，人海茫茫，彼此互为安慰。

比相爱更重要的是懂得

▶▶ 她爱喝酒，我陪她宿醉；她想摘星星，我为她搭天梯。不嫌她痴心妄想，不嗔她放肆沉溺。因为在决定爱她之前，已经率先懂得她。爱是心有灵犀，爱是投其所好。

_01_

七夕那天表妹来家里住，女孩子在一起，免不了要谈论感情。妹妹问我：“姐，我记得你之前的男朋友对你挺好的啊，怎么分手了？”

这个问题他曾经也问过我，其实答案还蛮抽象的。和一个“好人”分手是一件很残忍的事，尤其当我没办法把理由具体解释给他听的时候。

两个人在一起性格不同、爱好不同都没关系，但相爱的前提是要彼此了解、懂得。

_02_

我喜欢写作，当我欣喜地将写好的影评拿给他看的时候，他满脸疑惑：“这是你写的？你居然能写出这样的话？这部电影是我们一起看的啊……”

我学翻译，要去上海参加口试。从准备的时候开始，他就一脸不满，最后他终于开口：“你是不是以后会到上海发展了？那我们怎么办？”

我在 KTV 玩嗨了，兴致盎然时吼着唱歌，他上纲上线地说：“你本来唱歌挺好听的，但是你不好好唱，以后会越唱越难听。”

为了这些琐事我们争吵过无数次，念着他待我的好，我也妥协了无数次。以至于后来，为了避免产生矛盾，我再不与他谈论任何私密的事。我擅长的、我喜欢的，都藏匿起来，试着与他不温不火地相爱，但这种感觉……很不爽。

我爱玩，他让我收敛；我有梦想，他教我平凡。所有令我兴奋的事情，他都会泼一盆冷水下来，而且还不自知，这不是说话方式的问题，也不是他心怀恶意，而是他根本不懂我的快乐。

就像电影《志明与春娇》里面，张志明喜欢在马桶里放些干冰，拉着女友蹲在旁边看烟雾缭绕的场景。他的前任却觉得很恶趣味，不懂为什么一个大男人会这么幼稚，但是春娇懂，春娇能同他一起感受到快乐。所以他们怎么也分不开，哪怕后来志明又遇到人好又漂亮的优优，也终究是“除却巫山不是云”，因为在优优身上再难寻到他和春娇之间的那份默契。

_03_

还没有谈恋爱的时候总听别人说，懂得比爱更重要。当时我还觉得这句话纯粹是一些文艺女青年为自己的矫情找的幌子，她们就爱折腾老实人。可是亲身经历了这段感情之后，我才意识到我当年到底还是稚嫩。

我们分开的时候，他声泪俱下地举了许多他爱我的事例，试图挽留我。我很奇怪，我们吵过那么多次架，但他好像从来都没有意识到问题所在——“人和人之间想要保持长久舒适的关系，靠的是懂得和吸引，而不是压迫、捆绑、付出以及道德式的自我感动”。所以，当他问我为什么分手的时候，我并没有做过多的解释，因为在一个不懂你的人面前，说出来只会让他继续纠缠。

不否认我们也曾短暂地相爱过，可是人这一辈子，遇见爱，遇见性都不稀奇，稀奇的是遇见了解。我很清楚，只有懂得，才能让感情长久。

_04_

我的爷爷和奶奶堪称模范夫妻。奶奶年轻的时候爱打麻将，但爷爷从不沾，听见搓麻将的声音就心烦。有一次过年，奶奶玩了一夜，把爸爸给她的钱都输光了。大正月的回到家里，难过得连饭都吃不下，坐在沙发上眼巴巴地望着窗外。我们都知道奶奶因为什么而难过，但玩牌有时候真的是看运气的，运气不好立刻下桌是最明智的选择。于是，在爸爸的无声授意下，我们都没敢把钱给奶奶，爷爷却偷偷地把自己的钱塞给她。

我问爷爷："您不怕她再输了啊？"

爷爷说："你奶奶这辈子就这么一个爱好，这么多年我从没拦过，让她玩吧，她高兴……"

前几年，爷爷忽然病重，总爱打开窗子看屋后的树，嘴里还念叨着哪棵结实、哪棵粗壮，一次奶奶听到了，立马把爷爷安置到别的房间。我问她为什么，奶奶泪眼婆娑地说："这老鬼是觉得自己这病好不了了，琢磨着砍下几棵树做棺材呢。"我心中震惊，忙问奶奶怎么知道。奶奶抹抹眼泪答道："我跟你爷爷过了一辈子，他要干吗我还会不懂……"

后来爷爷去世，爸爸和姑姑为了让奶奶宽心，带她去了很多地方旅行散心，但我仍然见到她在夜里偷偷抹眼泪。**因为懂得所以相**

爱，因为相爱所以相思。

_05_

所谓的懂得并不是刻意迎合，也不靠时间维系，它是一种自然而然的吸引和亲近。有的人互相看一眼已经心有灵犀，接下来的一辈子都会情投意合；有的人过了一辈子都难以形成默契，最后同床异梦，相看两厌。

每个人都只有一次人生，不要慷慨赠予不懂得自己的人。纵然知音难觅，也总好过话不投机终身蹉跎。所以，朋友们，哪怕我们穷尽一生，都要找一个懂得我们的人来相爱。

被偏爱的人，不必太懂事

▶▶ 爱一个人，就是你在那个人面前忽然就变得柔软起来。

_01_

密友大文生病的这几天，一直是我陪着她。从预约挂号到检查取药，我与她寸步不离。排队间歇我们闲聊的时候，她的神色始终倦怠，我正想劝她结束手头的工作歇一歇时，她男朋友的电话就打来了。

她比了个“嘘”的手势，退后两步，郑重其事地接起电话。而接下来发生的一幕简直令我想为她颁一个“奥斯卡奖”——随着“喂”的一声，她几乎是瞬间改变脸色，神采飞扬又笑意盈盈地回答对方抛出的每一个问题：

“跟偏偏在一起呗。”

“没干吗，聊天呢。”

“好啊，等下就去找你。”

我在旁边看着她像是紧绷着一根弦讲出了这些话，仿佛铃声一响，她就通电了，一点儿没有生病的样子。可就在挂断电话的那一刻，面对着我，她又瞬间泄了气。

我拉下脸，问：“你怎么不告诉他你在医院？”

她讪讪地笑：“小毛病而已，没那么娇气。”

我反问：“没那么娇气？那是谁从上周开始就向我诉苦，又是谁抽个血就吱哇乱叫？”

她朝我撒娇：“那咱俩不是好嘛。”

“那你和他不好？”

她叹了口气：“唉，他忙，我不好意思给他添麻烦。”

我一边朝她翻了个李达康书记式白眼，一边把她拉到身边来。说真心话，作为朋友我有点儿心疼她。

大文那位二世祖男朋友我不是没见过，永远一副玩世不恭的模样。每每大家约着一起出去玩，大文偶尔提起自己在单位所遇到的烦恼，他要么跷着二郎腿佯装听不到，要么就是以一句“我家大文最牛，什么都能解决好”敷衍了事。起初大文也不甘心，还想拉着他进一步倾诉，可是眼前的男人干脆不耐烦了。

熟悉了对方的套路之后，大文也不想自讨没趣，所以现在不管遇到什么难题，统统自己扛。

她总说，她不想拿这些琐事给他添堵。

但其实我知道，她并非真的不想诉苦，只是担心对方厌烦自己的软弱，抑或是她知道，即使她说了，对方也帮不上什么忙。所以，她倒不如索性在男友面前装成一副无所不能的女汉子的模样。

在她看似铜墙铁壁的外表下，蕴藏的其实是一颗轻盈柔软的心。好在她也不糊涂，某次一众好友聊到谈婚论嫁，轮到她讲时，她对这段恋情也透着犹疑：“我那位谈恋爱还凑合，结婚就再说吧。我不想一直扮演一个母亲的角色，谁不想当小公主呢？”

我重重地点头表示理解，毕竟在以后的漫长岁月里，我们都希望在疲惫脆弱的时候，可以有人温柔相依。**要嫁，就嫁给一个能让自己安心示弱的男人。**

现在舆论总是倡导女人应该既独立又有能力，现在的女人也确实比任何时候都更为独立强大。**但是，爱情是例外，恋人也是个特别的存在。无论我们面对这个世界的时候有多么刀枪不入，也希望回到家面对爱人的时候能撒娇耍赖。**

_02_

《向往的生活》里，一向全能的何炅老师在一次吃饭时说："你看我在节目上看着好像啥都会，但是一面对黄老师，就忽然什么都不会了。"

面对老友的自嘲，黄磊老师立刻接住话："那是因为你和我待在一起久了，在我面前你就会比较放松。"

何炅继续说："真正的朋友就是，你在他面前不用假装自己很厉害。"

“其实在最爱的人、最熟的人面前，人常常展示的是自己的虚弱。”接着黄老师又话锋一转，对着大华说：“恋爱也是一样，两个人相处的过程中，如果一方不断向你展示缺点或者笨拙，其实就是因为他爱你，他信任你。”

两位到底是娱乐圈的标杆人物，随意几句日常对话，都让人觉得十分受用。

是的，如果一个人不能够让你放心示弱，就说明你还是不够信任他，你不确定他是不是足够爱你，是不是能接纳你的所有，所以你得假装很厉害。

可是，想要维系一段天长地久的亲密关系，主要靠的就是真实。卸下所有防备的相处才最轻松。

真正的爱情应该是，在外人面前，或为了社交，或为了应酬，你总是神采奕奕，遭遇困境也要表现得从容大气，但扭过头来面对那个人，你只想打着爱情的名义躲进他怀里抹一把眼泪。你知道这样会比较没魅力，但你更确信，你这副鬼样子，只有他不嫌弃。

你要找的应该是这样的人：他既是你所有快乐时刻的拥有者，亦是你所有软弱的收容所。

搞不定前任的男人，当然不能要

▶▶ 都说爱情是前人栽树、后人乘凉的过程，但如果前人在树下埋了一颗雷呢？

_01_

李晨和范冰冰刚在一起的时候，是被许多人唱衰的，这些人当中也包括我。

大黑牛的人品似乎无从诟病，不过有一点——只要他公开恋情，他的前任都会冒出来插一杠子。他和张馨予在一起的时候，就曾被前任公开指责为“石头男”，指出他对每个女孩的套路都一样；而和范冰冰公布在一起的当天，张馨予又发表了那番惊呆吃瓜群众的“木子日辰”言论。

和他类似的还有汪峰。汪峰和章子怡从相恋到结婚生子，葛荟婕似乎从来不肯放过任何一个机会，无论二人有任何风吹草动，她都能见缝插针地上一次热搜。

是明星们的感情向来如此混乱吗？也不尽然。要说情史风流，李亚鹏可算得上是鼻祖。搞得定瞿颖，降得住周迅，最后还和天后结了婚。虽然感情的结局都不算完满，可从没一个女人站出来说他半点儿不好。

是李亚鹏命好，碰到的几位都恰好情商高、人品好？要照这么说，物以类聚，人以群分，如果一个女人情商低、人品又差，还有男人和她爱得难舍难分，甚至结婚生子，那不恰好反证了这个男人也非善类吗？所以，这个逻辑并不合理。

而前任之所以出来搅和，究其根本，无非两点原因：**第一，双方断得还不够彻底，让女人还抱有幻想；第二，在爱情或婚姻中男人的表现实在不堪，以至于分手后女人还怀恨在心。**

但无论出于什么原因，最大的受害者无疑是正在相爱的现任。

她们原本抱着一腔热情与希望想要放手去爱，却在恋爱伊始就要忍受第三个人的无形存在，接受大众的比较和审判。

而放任旧爱出来搅和的男人，一方面自己没能力妥善处理上一段感情，另一方面也会将自己和新欢都置于一个相当尴尬的境地。

_02_

去年参加好友组织的聚会，偶然认识了一个比我小三岁的网红女孩。也是因为接触了她，我才知道原来做网红并不如想象般轻松。

她是个模特，也有自己的淘宝店铺。我160cm 的身高，一放松警惕，体重就会达到三位数。而她身高168cm，却把90斤当成雷池，超过一点儿就要健身节食，非常辛苦。而且平常因为拍照要各地跑，赶上淘宝店上新，又要没日没夜地张罗。我常常觉得，一个二十出头的小姑娘，美貌自然是优势，但能一个人扛住这些压力，也是不易。尤其是稍有不慎，还会招来无端的非议和谩骂。

有一回，她认识了一个摄影师，一来二去，两个人谈上了恋爱。看得出来，她当时很高兴，偶尔会当着几十万粉丝的面发几句酸话。粉丝追问她是否有了新恋情，她也直言不讳。

但是好景不长，他们在一起也就一个月左右。某天她的微博忽然来了一群女孩子骂她。她前一天睡得早，第二天醒来发现的时候，那些人已经向一些扒皮网红的营销号爆了她的黑料。

她一搜自己名字，后面紧跟的关键词就是“小三”。她彻底傻了眼，仔细理了一下脉络才知道这是她男朋友的前任搞的鬼。

我问她：“那你是小三吗？”

她摊摊手：“那个男生来追我，我当然以为他是单身啊。而且从他的各种动态来看，也没有正在恋爱的迹象。”

“那他现在怎么说？”

“他就说让我别理她，而且我问他，他们到底什么时候分手的，他也支支吾吾说不明白。”

看得出来，她被这件事搞得情绪很差。毕竟她才是受委屈的那一方，而且她不靠任何团队包装，一个人做起来并不容易，她不想和对方争吵，但那个男生也拿自己的前任没辙，只能任由她闹。

我不看好这种惹出了事还没办法收场的男生。但我看得出她喜欢他，所以也不好再说些什么。后来，她又是录视频澄清，又是晒聊天记录，才平息了这场风波。

整个过程，她的男朋友始终没露面。

大概又过了半年，某天夜里，我忽然收到她的微信："我终于知道他的前任为什么闹了。"

我赶紧问她怎么了。

她回道："前几天我们闹了点儿小矛盾，冷战了几天。结果我发现他又勾搭上别人了。我现在也非常不爽，看他在那扮好男人就想拆穿他。"

这就是第三个隐患了。

一个男人能怎么把前任变得不可爱，就能怎么逼疯你。他的问题始终都存在，谁也不能保证不会栽在这个男人手上。

所以我劝她："你别闹，你得认。你早该知道他是什么样的人，现在分开不是正好？"

_03_

当然可能有人会说，谁还没有个前任啊？你看人家范冰冰和章子怡现在不也好好的。

是，两位确实是见过大世面、经历过大风浪的角色。但是我想，如果可以，她们也不愿意自己的感情生活总有另外一个人进来搅和吧。每次前任出来闹，她们心中也会不好受。只不过她们是公众人物，摊上了没办法，强忍着也得把恩爱秀完。

很多人说，"好的女人就是要斗得过前任，吓得退小三"。听完我只想问一句，你这样不累吗？你十八般武艺样样精通，只为了得到一个"好"字？何况，**你们的爱情真的禁得起这样的锤炼吗？你眼前这个忍心将你抛出去面对一切的男人真的值得你如此深情厚待吗？**

大家都是成年人了，想要的不过是一段省心又安稳的恋情，风雨飘摇的恋情早就过时了，而且也靠不住。如果男人没有能力搞定前任，那么女生也没必要冒着将来也一样会被无情遗弃的风险，在他与前任的拉锯战中为他保驾护航。

爱情落到实处，就是两个人踏踏实实过日子，不是三个人尔虞我诈地斗地主，毕竟我们寻找的是想要共度一生的男人。我们不是不能容忍他荒唐的过去，只是不想再心惊胆战地面对未来了。

你的苦苦哀求，只能换来一句“赶紧滚蛋”

▶▶ 很多人不懂分手的含义，总爱留恋过去，然而回忆之所以美，正是因为不可追。

_01_

我的一位远房表姐说，她做过的最蠢的事就是曾经在一个男孩家门口等了一个晚上。

那一年，她和男友都刚刚大学毕业，两个人铆足了劲儿想到同一个城市发展。无奈天不遂人意，男孩回了老家，表姐去了深圳。本来在学校里形影不离的两个人，忽然被分隔两地。苦苦坚持四个月后，最终还是没能打破毕业即分手的魔咒，他们像大部分毕业季的情侣一样，在电话里宣告分手。

那段日子表姐过得异常艰难。她刚到深圳，薪水低，房租贵，还得了湿疹。不过这些在失恋面前，都不算什么。分手后，表姐整天魂不守舍，恋爱时的细枝末节如电影画面一样在脑海里回放，思念不减反增。一个人坐地铁的时候想他，鞋带散了想他，忘记吃饭时还是想他。就这样终于熬到年底，表姐手里有了点儿钱，实在禁不起相思之苦的她决定去他的城市看他，并发短信告诉男孩自己的这个决定。

男孩不置可否地回复了几句。在旁人眼里就是敷衍。

但表姐不这么想，她见对方有回应，便以为对方对她还有情分，急忙告诉他到达时间。出发当天，一路上她都心花怒放，脑海里幻想着见到对方第一句话要说什么，可是下了飞机她就傻眼了，偌大的机场，并不见那个她深爱的人。

失望至极之后，她只好试探着打给他，电话那头传来的却是“您拨打的电话暂时无法接通”。她心头一颤，仿佛明白了什么。随即又借路人的手机，果然就通了。男孩听见是表姐的声音，支支吾吾地说自己在上班。表姐还想说点儿什么，那边就挂断了。

当时她很想大哭一场，但转念一想，也许他是真的忙吧。她不甘心，既然来了，一定要见到他。于是又打车到男孩家楼下的一个咖啡厅，落座后再次尝试与他通话，这次更干脆，对方直接关机。

那晚她几乎崩溃了，于泪眼蒙眬中给他发了许多条短信，内容几近讨好。

“我在你家楼下的咖啡厅。”

“我们半年没见了，你都不想我吗？”

“是有新恋情了吗？”

“我今天化了妆，还喷了香水，路过一家商店，给你带了一条围巾。”

可是，对方却连半句都不肯回复，表姐到底还是没见到他。

那个新年，表姐过得极度落寞。我们姐妹聚在一起的时候，她说，她无论如何不能相信他会这么狠心，他曾经对她很好，真心实意爱过的人怎么会说变就变？或许是旁观者清，我对这份感情倒是看得清楚。两个人都有无奈之处，表姐为了事业留在深圳，男孩见她没跟他回家，已经有点儿泄气了。两个人带着别扭维持的一段异地恋，注定会分手。而后表姐心有不甘，男孩则保持理智，从表姐的描述中可以看出男孩的决绝，如果还爱着，是不会舍得让一个千里迢迢来看他的姑娘那般卑微地等待。但那个男孩也没有错，**因为没人规定分手后，一方还要继续深爱另一方。**

不是男孩绝情，也不是表姐矫情。而是两个人对分手的界定不同，走出这段感情的时间点也不一样。男孩洒脱决绝，分开了就想通了，认为再见没有必要；而表姐后知后觉，宁可赔上自尊，也要换一场尴尬的会面。可是分手后，表姐便无法再要求平等，她的深情换来的不是厚爱，而是厌弃。

_02_

记得我上一段恋情也是这样结尾的。分手后对方想尽办法挽留，送礼物啊，找朋友劝啊，甚至以死相逼，但对我来说统统不奏效。因为决定分手的那一刻，我就已经确定我不爱他了。说白了，他过得好坏，都和我无关。彼时我就像个铁娘子，他骂我狠心也好，说我薄情也罢，所有软磨硬泡用在我身上，也没有一点儿波澜。

又过了好久，他发朋友圈说：“如果一个人死活都要离开你，千万别想着去挽留，没什么用。”

说实话，看到这句话我心里还是难过了一下。倒不是因为被他感动，而是我比任何人都清楚，我不是从一开始就打定主意要离开他的。我们相爱时，我也曾一颗真心赤诚奉上，我讲情话的时候也曾热忱地以为自己会永远爱他。

我之所以难过，是因为我意识到，人心真的会变。我也一不小心在爱情里活成了“却道故人心易变”的模样。

随着分手的那一声哨响，双方就不再对彼此负有任何责任，他选择忽视这段关系已经结束的事实，继续挣扎，我也只能狠心扮演一个无情的角色，及时“止损”。

没有孰是孰非，这就是分手。像是拔河，一方不爱了选择松手，另一方如果继续撕扯，就会踉跄摔倒，这是常识罢了。

_03_

然而，人非草木，孰能无情，分手了遗憾难过也是在所难免。

我不是要你挥剑斩情丝，也不是要你为了不受伤害而选择做个凉薄的人。而是希望你明白，分手以后，对方已经不会善待你的想念了，你撒泼打滚只是自取其辱。爱情已经没了，难道自尊也不要了吗？**我能想到的最狼狈的事，就是你的苦苦哀求，换来对方一句“赶紧滚蛋”**。

我赞成你一往情深，但不建议你做毫无意义的纠缠。我体谅你为爱失去理智，但不希望你连退场都拖泥带水。天黑了害怕就闭眼，等着你的将会是一场美梦和明天的太阳；分手了再难挨也请忍住，等着你的势必是一场完美邂逅和崭新的生活。

哪怕缘尽，仍留慈悲

▶▶ 爱时勇敢赤诚，散时慈悲洒脱。

_01_

从某种程度上讲，女人可谓是地球上最爱讲是非的物种，我身在其中，自然也为这份事业贡献过不少气力。八卦也并不是全都怀有恶意，有些是出于无聊好奇，有些是为了资源置换。不用猜也知道，我肯定也被不少人编排过，这些我都不在意。

只不过，我最近惊奇地发现，尽管自己如此生猛，竟然也对一类人下不去“口”。

放假期间我约见了不少许久未见的老朋友，大家都知道，许久未见能叙的自然都是旧事。于是才一杯酒下肚，就有一位朋友提起了我过去的一段恋情："你当初怎么看上他了？他到底哪儿好啊？"

我愣了几秒，已经是陈年往事了，如果此时再一一列举他哪里好，自然是有些不合时宜，而且很多细节确实记不住了。于是我只好勉强地接了一句："我那时候也不好啊，又土又黑的。"

朋友一脸不赞同，立马说："但是你有趣啊，他那个人一看就特没劲。"

当时的情况，我只需要顺势接一句"是啊，挺无聊的"就可以蒙混过去，但彼时就是怎么都开不了口。也许朋友只是觉得我们不般配，可是摸着良心讲，那的的确确是我慎重对待过的感情和人，哪怕无聊也爱过，现在分开了，难道就要为了维护所谓的社交圈子说他不好吗？我实在做不到。于是，喝了口酒，任凭朋友抛出的话无声落地。

经过这次我才发现，原来自己一直在心里默默坚守着一个原则——对于有过亲密关系的人，不管结局如何，都绝不再去评论他。无论友情还是爱情，一段关系结束了，就背过身去和别人讲他的坏话，那就太不地道了。

在“反目”的过程中，我们已然失去了正视过去的一份客观和豁达。

_02_

王思聪曾在微博上公开点评某当红小生点赞前女友被黑微博一事，他表态：“分手了能回头说对方的都是最渣的人。”

这位超级网红一出手，果然引起广泛好评，很多人都说他的三观接地气，并在评论里称他为“娱乐圈纪检委”。说来可笑，我既不是他的粉丝，也不是轻易就能被舆论导向带跑的那一类人，但当朋友把这条微博截图发过来的时候，我还是没忍住感叹一句：“这个人的三观还可以啊。”

毕竟，在速食爱情当道的今天，忙于与旧爱撕扯者屡见不鲜，能缄口不言实属难能可贵。

所以我很欣赏电影《春娇与志明》里杨幂饰演的空姐优优。因为先入为主，大家都知道志明和春娇一定会发生点儿什么，而优优这一人物，无疑就成了打酱油的。但这位陪衬者的姿态一点儿也不低。

张志明在北京再次遇到春娇的时候，也不能免俗地犯了“脚踏两只船”的错误。他周旋于两个女人之间，骗优优有工作要忙，实则是在偷偷和春娇约会。

事情败露后，当时和我一起看电影的人预言说，优优这么黏人，肯定一哭二闹三上吊，不放志明走，就算志明选择了春娇，她肯定也不能轻饶了他们。

但是她没有。当她确认这个男人的心已经不属于自己后，只是用那部拍立得把张志明在他们爱情里最后的样子记录了下来，有一种“你走吧，我不翻脸”的洒脱。

这并不是每个人都能做得到的。我们都是自私鬼，凭什么你伤天害理，我一肚子委屈还得装成淑女不能骂你。一段关系结束的原因有千百万种，大部分人都会心存不甘甚至记恨，也难保不会在其他场合继续宣泄。这没有对错，只是人之常情。

也是因此，我才会格外欣赏这种不纠缠于往事和故人的态度。**过去再狰狞，都把它留在过去。**那个人再不好，也不去和外人宣泄，毕竟那是他在那段特殊关系里才会呈现出来的样子。不说出来，是一种义气，也是一种善良。

_*03*_

人活到一定年纪，多多少少都会经历几段关系的破裂。我初中时曾和最好的朋友绝交，我想不通她怎么会忽然不关心我。于是几乎使出浑身解数，联合周边的人孤立她，甚至昧着良心说了很多诋毁她的话。

那时候我想，只要她写封信给我，我就可以只和她一个人玩，而且还会像以前一样待她。

后来有一天，旁观者实在看不下去了，苦口婆心地劝我："偏偏，你干吗啊？你知道她相册里一直保存着你们的合照吗？她可是从来没说过你不好，你为什么总是针对人家啊？"

我的脸当时就红了，仔细想来，她真的从来没有议论过我。她才是段位高的人，我们做朋友的时候真心实意待我，以至于绝交之后我仍然对她念念不忘。我们分开的时候，明明各自有错，但任凭我对她冷嘲热讽，她都不还嘴。

翻脸不认人的始终是我，她一直风度翩翩。

那算是少年时代极其生动的一课，她教会了我坦荡做人，也教会了我如何以最佳的姿态面对一段关系的结束。

_04_

考量一个人的品质和情商，放手的姿态是很重要的一个标准。很多人相爱的时候，你侬我侬，情意缱绻，分开了则是面目狰狞，不堪回首。

可能有时候我们忘了，**世上本就没什么罪无可赦的人，那个让你恨之入骨的人，原本也曾令你倾心爱过。**或许总要经过很长时间的修行，才能知道缄口和从容，才能知道面前这个人，再依依不舍，再心有不甘，也要忍住想念和倾诉的冲动，从容地说一句：“你放心离开吧，我不翻脸。”

爱过的人，哪怕缘尽，仍保留一份慈悲吧。

/ Chapter 4 /

既然岁月无可回头，不如昂首阔步赴前程

人生很狼狈，愿我们今朝有酒今朝醉

▶▶ 狼狈是你站在舞台上完美亮相时，忽然踩到裙角摔了个狗吃屎；狼狈是大清早你蓬头垢面地到楼下买早餐时，碰到了老熟人；狼狈是每个年轻女孩子想甩都甩不掉的大姨妈，狼狈是每个老男孩藏匿在心底的小秘密。

_01_

近来我重温了一遍韩剧《我叫金三顺》。总以为三顺那样的经历才更贴近生活，因为她的人生够狼狈。大部分时候，我们都是那个缺钱又缺爱还时常丢脸的人。

工作以后，认识了大 C——一个特别开朗的女孩，努力又克制。因为都是北方人，我们很快熟络起来，一起租了房子，成为无话不谈的闺密。

大 C 在一家外企做翻译，工作勤谨拼命，许多次我凌晨写稿，都撞见她捧着一摞文件正蹑手蹑脚地进门，手里还拎着一袋长得“歪瓜裂枣”的水果。我偷偷打听过，其实她赚的钱并不算少，但她对自己是真苛刻，买衣服极少上百，买水果从来都只买特价处理的，就连菜市场那些锱铢必较的大妈见了她都会主动送上一把葱。所以跟着她混，绝对不怕挨宰。而她最光荣的事迹莫过于为了省三块钱的地铁费，踩着高跟鞋生生走了两站路。

有一天我终于忍不住问她，生活本来就够辛苦了，为什么不能在这些小事上犒劳一下自己，干吗每次都把自己弄得这么狼狈?

她边往脚上贴创可贴边一本正经地说：“因为我要攒钱买房！”

*_02_*

有一次她一连失踪了好几天，电话怎么也打不通，最后一条朋友圈的定位显示在一家高级酒店。就在我急得快报警的时候，大 C 回来了——容光焕发，还拎了一兜子新鲜水果。我吓得呆坐在沙发上，她一边甩掉鞋子，一边朝我扔过来一个苹果。

“你傍上大款啦？”

“没。”

“那你卖身啦？”

“滚。”

“哦。”

“我爸妈来了，我陪他们去住的酒店。”

之前听大C说过，她的父母在农村生活了大半辈子，辛辛苦苦省吃俭用把大C培养成才。这次她费劲苦心把二老骗来，就是想请他们吃点儿好的，住点儿高级的，再带他们看看自己生活的城市。她说：“我长这么大没别的志气，自己再怎么狼狈都无所谓，但我要让我爱的人幸福。”

“嗯，这理由比买房靠谱。”我两眼泪汪汪地望着她。

从此以后，大C就成了我的偶像。我总觉得她一副钢筋铁骨，豁得出面子，丢得起脸，只为维护家人和朋友的利益。虽然我不忍心看她这么狼狈，可我清楚，**谁的人生不是一点儿一点儿熬出来的？**

_03_

前几天有位大学学长来杭州看我，我知道他的小公司做得有声有色，便和其他几位校友挑了家贵得离谱的餐厅，想趁机敲诈他一顿。酒过三巡，几个人贫起来一发不可收拾，无奈谈赚钱谈理想我们都说不过他，于是我不得不使出了撒手锏：

“还记得舒小姐吗？”

“记得啊，下个月她生日。”不出所料，他的表情黯淡了一下。

“大哥，你不是吧，四年了。”

他没再说话，咕咚咕咚地喝下了面前的一杯啤酒。

舒小姐是学长在大学里的最后一任女朋友。他们毕业的时候我读大二，他们是令旁人忍不住羡慕和祝福的一对，学长是学生会主席，大学四年风光无限，舒小姐也是才貌俱佳。毕业后舒小姐在南京找到了工作，学长为了离她近一些，放弃了在北京工作的好机会，去了上海。

就在他们毕业后的那年冬天，有一天夜里十一点多我接到了学长的电话。

“舒越和我分手了，我觉得快死了，她不接我电话，不回我短信，我不知道该去哪……”

我心里一惊：“你现在在哪？”

“南京……她寝室的楼下。”

从小到大，那是我第一次从别人的声音里听出绝望和狼狈。现在他即使一本正经地坐在我对面，却还是一听到这个名字就立马没了生气。

“其实那次我见到她了，是第二天早上，她和另外一个男人走了出来。”他打了个酒嗝。

“啊？然后呢？你冲过去打了那个男的？”

“嗯，我冲过去了，我把她拽到一边告诉她，我除了不能为了她去死，因为死了没法照顾她，其余什么都可以为她做。”

我没想到一向骄傲自负的他能说出这么卑微的话，在心里弱弱地替那个女孩感动了一下。

“但她让我滚。”他握着酒杯，摇头苦笑。

“哇，这女的太狠了。”

“不啊，那个男人确实比我强，有车有房，挺好的。她幸福就好。”

我瞬间懂了，这几年他拼命折腾，一定有一股动力来自那晚的自尊受挫。如果没有这段狼狈的经历，可能他永远也下不了狠心混出个样子来。

“还爱她？”我试探着问。

“不了，只是这段记忆忘不了。”

后来我们都喝多了，忘记了原本要互相吹捧、共同嘚瑟的初衷。我向他吐槽我遇到的渣男和变态同事，他拉着我大骂那群想倒贴的小姑娘和那些烂客户，然后我们共同感叹：**我们明明已经在努力了，可还是好狼狈哦。**

_04_

我不确定这个世界上是否真的存在每分每刻都在享受生活的逍遥浪子，是否他们生来就金光闪闪，狼狈和他们丝毫不搭边。但我知道，**有人光芒万丈，就有人尘土飞扬。**我所见过的绝大多数都是那些追在光芒后头，跑得自己一脸灰的人。可我还是以他们为荣，因为我看得到他们内心的光。

那天我们都喝得很尽兴，觉得前所未有的畅快，也坚定了要与这个世界顽抗到底的决心。散伙的时候，大家互相拥抱着说：“今天真好。”我站在路口望着他们一个一个远去的背影，忍住了想要热泪盈眶的冲动。

人生很狼狈，但愿我们今朝有酒今朝醉。我明白众生皆苦，所以有生之年，我不祝你百岁无忧，只愿你活得有情有义。即使什么都没有，也不缺从头再来的勇气。

无论在什么时候、什么地点，我都热忱地希望我爱的人过得潇洒快意。

你以为的人生大事，不过是命运的无心安排

▶▶ 人生路漫漫，本就没什么可以一锤定音的美事，也没有什么万劫不复的失误，最紧要的是知道你是谁，要过怎样的人生。

_01_

四年以前，我经常会在半夜里忽然醒过来，然后在电光石火间思考这样一个问题："我是谁？我为什么在这里？"那时候我刚参加工作不久，总有一种时光错乱的恍惚感。梦里我还在上大学，还要考试，醒来却是四下无人的夜。往事便会一幕一幕自动跳进脑海里，最终定格在那场考试上。

在当时，考研于我而言，就是逃避就业压力的唯一利器。我实在想不出自己应该从事一份怎样的工作，所以只能靠考研来拖延。去了自习室后我才发现，原来许多人都抱着和我一样的心态。在自

习室里，我通过室友晨晨认识了计算机学院的另外四个研友，我们一行六个人组成了考研小组。

和我不同的是，他们五个人都是真正意义上的学霸，是把考研当成改写命运的一群大神。其中有两个人更是放弃了本校保研名额，只为考上心仪的学府。而我呢，只要不让我工作，考哪里都行，为了胜算更大，我兴致勃勃地报了本校。

我们考试的日子在2014年初，大家基本都是从2013年暑假开始复习，那真是一段焦虑的日子。对学霸们来说，他们坐在这里是有所付出，亦有所追寻的，是真真正正秉持考研人风貌起早贪黑熬过来的。而我不是，我们的自习室在五楼，冷气特别足。早上九点我吃完早饭，一屁股坐在椅子上就忍不住打瞌睡，起初我还试图克制，后来就干脆把毯子带到自习室里，睡得昏天黑地。

_02_

能叫醒我的唯一声音来自杨姐，杨姐是个聪明又勤奋的人，虽然我们从本质上并不是一路人，但我很欣赏她。前面说的放弃本校保研名额的人就有她。我问她题的时候，她总能化繁为简地把我这个学渣说得醍醐灌顶。跟她叫醒我的方式一样，每到饭点，她都会温和地趴在我耳边说“起来吃午饭啦”或者“晚饭还吃吗”。

我很喜欢和小伙伴们一起吃饭。因为平常我低三下四到处问题的样子特别白痴，但吃饭的时候，话语权就完全到了我这里。我一个人可以舌战他们五个，显得特机灵。

比如从河南来的棒棒，他每顿饭的主食都是馒头，几乎不吃菜。就连早餐都是两个馒头夹一个煎蛋。他吃饭的时候很沉默，表情也很痛苦。和他学习的时候一样，时而皱眉，时而叹气。学习上我帮不了他，但在吃饭上，我很想把他从苦海中拉出来。所以某次去吃晚餐我特意多打一碗汤，趁他咀嚼艰难，已经开始翻白眼的时候，默默把汤推到他跟前，轻声细语地对他说：“喝口汤吧。”

大家愣了一下，然后六个人一起笑成一团。

再比如另外一个学霸小华，人长得白净，人生目标就是考上北京邮电大学的研究生，毕业之后年薪60万以上，养着他女朋友。我总爱和他套近乎，因为那时候我特别相信他有这个能力，盼望日后他发迹了还能念念旧情，顺便帮帮我。

他吃饭的时候，会滔滔不绝地讲一些复杂题目的简便算法。有一次，他边说边吃，忽然一块土豆掉在了裤子上。原本大家都求知若渴地看着他，这下为了避免尴尬，都赶紧转移视线，各吃各的。我本来没兴趣听他说这些，但偏偏这个时候我会直勾勾地盯着他，一直到他把土豆从裤子上抖下去，然后接一句："掉裤裆上了吧？哈哈。"

我那时经常会在饭桌上这样调侃别人，几乎没有下限，他们以为我生性如此。但其实不是的，平常我没那么无聊。真的是因为那段日子太沉闷了，这是我排解压力的唯一方式。当然他们也会回击我，但方式都比较单一——你今天又睡了一天吧？

_03_

说到睡觉，我知道这对于一个考研人来讲是很荒唐的行为，小伙伴们大概以为我是死猪不怕开水烫。但恰恰相反，我其实心里有把握。报考本校，专业课压根不用担心，政治和英语又是我的强项，唯一需要下功夫的其实就只有数学。而对于数学成绩来说，150分的题我考60分就可以了，其中选择题又占了40分，所以我很自信，甚至这种自信一直持续到成绩揭晓的前一刻。

当时是谁给我查的成绩我忘了，总分还可以。但数学54分，这就有点儿悬了。因为上一年的国家线是58分，按照惯例来说，这一年的浮动也就在3分左右。

我当时大概镇定了几秒，然后就迅速意识到这次考试失败了。接下来的一周我一边做简历一边反省，为什么会是这样的结果。得出的答案是：一来，考研并非我的强烈意愿；二来，我也确实没付出什么努力。所以，我很快就想清楚并调整过来了。

在我刚做好简历的时候，小伙伴们的考研成绩也都陆陆续续地出来了。棒棒考上了北京大学；晨晨考上哈尔滨工业大学；小华也如愿以偿，去了北京邮电大学；杨姐专业课分低了一点儿；还有和我们一起的一个小胖子，也落了榜，不过他不是很担心，父母早已为他找好了出路。

总之，我们六个人里，最后需要蹬着高跟鞋、穿着正装到处找工作的只有我和杨姐。我的感慨是：早知道这样，当初就直接找工作了。杨姐则属于越挫越勇型，她说："我才不要读本校的研究生，我不后悔。"

她总能镇定自若地面对最坏的结果，对之前的努力和付出只字不提，马上就能一头钻进接下来的事情中去。

_04_

我们找工作的过程并不艰难，一个月左右就都尘埃落定了。我一路南下，杨姐北上。当时，我们所有人都不是很清楚考研意味着什么，工作意味着什么。**人生真的很残酷，我们原本鼠目寸光欢欢喜喜，命运却偏要逼着我们在某一刻跟着人流对未来做个选择。**

说实话，我完全不知道自己未来要做什么，找工作时最先权衡的也无非是薪资和地点。我那时候连什么是项目管理都不知道，所以才会在工作之初，时常感到命运的玄妙，仿佛昨天还在校园里不知愁滋味，今天就摇身一变成了一本正经的职场人士。

你问我这是我想要的吗？我答不出。我只知道，那些考研成功的人依旧抱怨着学校的食堂和难以落笔的论文；而我们这些失败者，也都以各自擅长的方式寻得了一条出路。大家都在各自的领域里活得异彩纷呈，仿佛考研这件事情，对我们的人生其实没有任何影响。就像经历了一场春风，姿态摇曳过后，草还是草。

更神奇的是，前几天，在哈工大深圳校区读研的晨晨告诉我，她也要来杭州工作了，明年二月份就可以来和我做伴了。而从北大毕业的棒棒则通过杨姐的引荐，成了杨姐的同事。

2017年的平安夜，恰巧也是研究生考试那天。我吃过晚饭后在群里问小伙伴：关于考研这件事，你们还有遗憾或者后悔吗？

我以为我的提问会一石激起千层浪，可出乎意料的是，那晚气氛异常平和，他们都说："没空想这个事，过去了就过去了。"

好像忘记了三年前，我们为了这件事情，曾共同错过了校园的最后一个冬天，也曾一起求神拜佛，只要这个心愿能够达成，让我们做什么都行。

是啊，时间翻云覆雨，曾经你觉得天大的事，现在回头看来，也不过就是命运的一场无心安排。再提起的时候，心里连一丝涟漪也不会泛起了。

照这样看来，这个世界上根本就没有什么大不了的事，人生也没有什么真正意义的关键节点。无论求学考试，还是结婚生子，无论喜悦激动，还是忐忑伤痛，都将慢慢成为过去。不管当时多在乎，事后也终有一天能洒脱地唱上一句：**我得到的都是侥幸，我失去的都是人生啊。**

人活一世，长寿不如享受

▶▶ 及时行乐才是人生真谛。

_01_

有一次，我因病住院。为保证手术之前完全空腹，我在入院的第一天晚上吃了好几袋泻药，彻夜未能成眠。

我的病房在6楼，手术室在12楼，第二天一早，一个穿着蓝大褂的医生推来手术床，在走廊大喊我的名字。我吊着盐水，换好衣服躺上去，然后他推我进电梯，到了12层后，又七拐八拐地到了手术等待区。

整个过程，我一动也不敢动，耳边是嘈杂的脚步声，眼睛只能看到天花板和吊灯，心里充满恐惧。

大概是看出了我的忐忑，推我的医生反复安慰我："小姑娘，你别紧张啊，这种小手术我们每天要做四五十台呢，睡一觉就过去了。"

他说的是真的。我到了准备区的时候，才发现我旁边躺着的全都是刚做完手术还未清醒的病人。我们按照编号，整齐地排列在一起，我刚就位，旁边就推过来一个同样等待做手术的女人。

那一刻，我忽然想到了死亡。

我第一次无比清晰地感知到，有一天，我真的会毫无知觉、身体冰冷地面对这样的流程。然后，我开始不可抑制地胡思乱想。如果就是这次手术呢？如果这次我再也不能醒过来呢？

紧接着我想到：我还没能见上爸爸妈妈一面；我还有一些储蓄没有花完；我还没去一直向往的城市看一看；我也没听过李宗盛的演唱会；甚至连上个月逛街，我在 MOUSSY 看上的那件外套也没来得及买。

我这才发现，原来生命到了最后一刻，除了恐惧之外，你能想到的都是那些你想做而未做的美好的事。不管你之前的人生有多么可圈可点，在那一刻，你都不会因为这些成绩而感到安慰，相反，**你最大的情绪只有遗憾，遗憾之前没有好好享受人生。**

所以，一出院，尽管公司项目忙，我作为执行经理，还是请了一周的假期，专心陪伴家人。从前特别喜欢但一直未买的一双鞋子，回头想想也不过就是手术费用的十分之一，我毫不犹豫地买下了它。我还心满意足地穿着它，飞去陌生的城市见了老朋友。**我忽然变得开始善待自己，我忽然意识到生命的意义就是要讨好自己。**

_02_

几周前看过简媜老师一场名为《谁在银闪闪的地方等你》的演讲。演讲题目也是她新书的名字，里面有很多关于死亡与衰老的思考。她说：**“我很清楚地知道我的对手是谁，我的对手是时间，我在与时间拔河，以白发为绳。”**

她在演讲中举了她的公公罹患肺癌第四期的例子，这件事情对于她全家来说，无疑是晴天霹雳。她很清楚地知道，公公的病情已经进入了不可逆的状况，所以那时她很想为公公做些什么。于是，身为作家的她，想到用笔记录公公的生平。

她的公公一生随和，很少要求别人为他做什么。但是当她把这一想法讲给公公听的时候，没想到重病中的公公竟然一口答应，并且在记录过程中，咳嗽剧烈也不放弃讲述。她说："那一刻我意识到，我真是一个好糟糕的人啊，我为什么不早点儿为他做这件事情呢？"

整场演讲听下来，我已泪流满面。

是啊，我们活着的时候，忘了去做很多事情。我们忽略了生命的有限与无常，也忘记了及时行乐。

_03_

去年6月我回到乡下看望奶奶。夏天的早上，乡下最不缺的就是叫卖声。卖豆腐的，卖油条的，卖水果和蔬菜的，应有尽有。

某天清晨，我还未醒。迷迷糊糊听到奶奶和邻居们议论，卖豆腐的孙爷爷已经一周没有出来了。

我忍不住好奇，在吃饭的时候询问奶奶为什么。

奶奶叹了口气："他母亲过世了，他也病了。"

我有些惊讶，于是问："老太太有九十多岁了吧？"

奶奶放下碗筷："是啊，只不过老太太命苦，这一辈子也没享到什么福。前几天老孙头哭得话都说不清楚。"

其实，这位孙老太太的事迹我听别人讲过。她三十几岁时守了寡，一个人拉扯孙爷爷，后来孙爷爷娶了老婆，她就一个人搬出来住在村子边的一间小屋子里。再后来，孙爷爷的妻子去世，他们母子才又重新住到一起。

奶奶接着说："那老太太可能吃苦嘞，大冬天的也不怕冷，出去拾废铁卖钱。自己平时连香蕉都舍不得吃一根。"

后来的几天里，陆陆续续有一些人到家里串门，我又不可避免地听别人议论起这件事，有人甚至生出感叹："唉，这人活着啊，就得该吃吃该喝喝，不然就算活那么大岁数，不也是白受累，什么也带不走嘛！"

我听后怅然。有多少人的心愿是可以像老人家一样长命百岁，但是又有多少人愿意过她那样的人生呢？

_04_

香港知名电台主持人梁继璋，曾在生命最后的日子里留给儿子一封信。他在信中写道："生命是短暂的，今天或许还在浪费着生命，明天就会发觉生命已远离你。因此，愈早珍惜生命，你享受的日子也会愈多。与其盼望长寿，倒不如早点儿享受。"

行走于世二十余载，此刻的我无比信奉这句话。

生命也不该以长短论英雄，我们穷尽一生气力要做的应该就是：在活着的时候，有热情把人爱够，也有胆量把人恨透。这样当我们在被疾病或者死亡笼罩的时候，才能洒脱地说上一句：我这一生没有遗憾，每分快活，每秒坦荡，此刻这条命，任凭谁拿了去吧。

与平凡生活缠斗，靠的终究是耐心

▶▶ 生活中一定会有很多重复而枯燥的事情，久了你会发现，想要在这些黯然而无意义的时光里活得发光发亮，最终凭借的，还是耐心。

_01_

我读大学的时候，在很长一段时间都只求考试考60分。经历了残酷的高考以后，我理所当然地认为学习不再是最重要的事，与枯燥的课业和无聊的考核相比，我更愿意把最宝贵的时间、最抖擞的精神献给自己真正热爱的事业——恋爱、K 歌、旅行、写作。

一直到大学毕业，我都认为我的选择无比正确，甚至为此欢呼雀跃。因为重新审视的时候，我并未因没有整日泡在自习室里而产生一丝“青春被狗吃掉了”的遗憾，也没有因成绩不够好而感到半分羞愧。我还坚持认为，对于不喜欢而又必须完成的事情，“60分”

就可以高呼万岁了。尤其是这份成绩单并没有影响我顺利地找到一份还算体面的工作。

于是，带着百分之百的信心，我从容不迫地走上了工作岗位。大家一定都听过这样一句话，大意是：生活中所有的事，无论好事坏事，都不会白白发生，它们和你后续的生活一定有某种关联。比如，小学的你被父母逼着去练习奥数，你不情不愿，但还是写满草稿纸，后来你读初中时发现，很多问题都可以通过奥数的算法迎刃而解。或者，高中时你因为害羞而没有坚持学会游泳，到了大学你却因为不会这个技能而被某个心动已久的机会拒之门外。

总之，**你未来的样子由你现在的努力所决定，而你现在的样子，一定也藏着你过去努力的影子。**

_02_

工作过的人都知道，大部分工薪阶层每天辛辛苦苦、兢兢业业，最终目标都是“钱”。很少有人是真正出于对这份事业的热爱，就算有，这份迷恋恐怕也会在日复一日的重复与消磨中慢慢变成倦怠。

于是，我发现，**能对自己不喜欢的事情保持高度耐心和追求，也是一种稀缺的本领。**而且光凭这个本领，就足够令你在任何领域中碾压很大一部分人。因为生活中的大部分事情，都是枯燥重复的。

2017年3月，我出差去武汉，参加西门子举办的一个大中华区用户大会。参会人员是各个行业的大佬以及业务骨干，白天是不同场次的技术信息分享交流会，结束后还在酒店安排了晚宴和鸡尾酒会。总之，阵仗搞得挺大的。

我作为我司信息化项目的主要负责人之一，此行需要完成的任务就是，和几位同事一起将行业内的前沿信息带回到项目组，和大家分享。

但显然，我并不具备这样的技能。因为到了专项汇报大厅之后我才发现，那场面当真是锣鼓喧天，人山人海。我们根本抢占不到最佳位置，几千人聚在一起，环境嘈杂不说，而且发言人都很官方，要么宣传各自的企业文化，要么说些不痛不痒的外交辞令，甚至有些企业还借此机会公开挖人。总之，在这种场合压根就得不到有用的信息。

我大概听了20分钟就泄气了，忍不住想要看手机。和我一起出差的人里有一位毕业于上海交通大学，年初刚升为公司人事部经理。在我刷完微博、刷公众号，到最后实在没什么可看的时候，我注意到了他。

他始终笔直地坐在人群中间，时不时地还拿出笔在本子上做些记录，出差的两天里，他基本都在这两种模式间切换。我忽然明白为什么公司“人事经理”这么紧俏的职位，最终是他当选。他好像从来都是聚精会神，对公司里的大事小事一贯如此，这次出差在外也是一样。哪怕台上发表讲话的是我们的对手公司，并且对方明明业绩回落还一直在吹牛的时候，他仍然正襟危坐。

在那样一个场合里，在绝大多数人都百无聊赖的环境中，他无疑是脱颖而出了。

而我，相比于这些业界大佬的发言，酒店里富丽堂皇的吊灯更让我感兴趣。事后我也反思，最终得出的结论是：我的这种状态从我过去在大学时对待考试的心态中就可见一斑。

在当时，在对所学专业并不喜欢又想要顺利毕业的情况下，我的目标就只是60分，额外一点儿力气都不想多花。所以，每逢考试我都是在前两周才开始临时抱佛脚。因为只想及格，所以我更注重重点，一些细碎的知识都不在我关注的范围内，就算对待重点部分也是浅尝辄止，对很多知识的理解都是浮于表面。

以至于现在我在工作中，每当接受任务或者遇到问题时，我的耐心也只有60分。我没那么多时间和精力搞清楚来龙去脉，也不愿意分析工作伙伴们在讨论过程中讲的那些“片汤话”，我只想知道我怎么做才能把这件事还算体面地应付过去。所以，工作几年来，最令我头疼的就是开各种会和总结。因为只要你想体现自己真的在动脑思考，或者突出自己的业绩，你就不能只捞干货，原因结果，事无巨细，你都要考虑进去，都要表述出来。而这种方式和我过去的行为模式是截然相反的。

当然，当我在工作中出现疏漏，或者并没有在专业领域显示出过人的专业性时，我也会给自己找借口——这些东西不是我所热爱的。毕竟我为了写作可以两天两夜不眠不休，我学日语的时候，也能每天挤两个小时的公交车，风雨兼程。

可后来我发现，问题就出在这里。**在这个世界，没有谁能那么幸运，永远只做自己热爱的事情。**

_03_

那次从武汉出差回来，项目总监专门跑到项目组问我们会上都讲了些什么，面对总监炙热的目光，就在其他人不知如何回复，我也准备打个哈哈混过去的时候，那个听得非常认真的人事经理说：“我整理了一些，稍后以邮件的形式发给您。”

待总监离开后，项目组一下子就热闹起来，大家七嘴八舌地盘问他：“会上都说了什么啊？”人事经理到底是个正派憨厚的人，他说："其实真不值得一去，没讲什么太实用的内容，我也是强撑着听完全部内容，要不然没法交差。"

朋友们，听听，这就是差距啊！当一件事情明明是你的职责时，别再借口说你不喜欢了。真的，那些琐碎、无聊、枯燥的事情，有谁会喜欢啊？可同样是为了交差，就是有人能把不喜欢的事情也做到90分，这一点，不服不行。

从前我一度觉得，我只要把喜欢的事情做到极致就可以了，但真正开始赚钱了我才知道，如果负责一个项目，不单单要给其他人安排工作，还得学会统筹协调、知人善任，同时还要面对客户，承担风险和责任，把该操的心都操到了，才能拿到奖金。就算是脱离了团队，想独自为战，也会有各种各样的条条框框，迫使自己做出相应的改变。

就算你是个演员，除了面对镜头，也要面对一窝蜂的媒体；假设你是位厨师，除了做出美味佳肴，你也要接受油烟的炙烤。没有哪份职业，会完完全全符合你的喜好。

如果你是个富二代，或者你是个一箪食一瓢饮就足矣的世外高人，那么以上的话就当我没说。但如果你没那么好命，也没有那么高的道行，你的生活就不会那么简单，更多的是鸡零狗碎、枯燥单调。我不得不向你揭开一个残忍的真相：你生命中的大部分时间都得用来与这些无聊的事情对抗周旋，这是生活最无可奈何的地方。

所以，无论你是在读书还是已经上班了，希望你在面对某些确实不喜欢又不得不完成的事情时可以对自己要求高一点儿，借此机会磨炼一下自己的耐性，为与未来生活的持久战做些准备。毕竟“60分万岁”的理论，确实不会令你出什么大错，却是你未能走上人生巅峰的原罪。

那些真正厉害的人，不单能做好自己喜欢的事情，面对自己不太喜欢的事，也能处理得得心应手。

真的要和脑子灵光的人交朋友

▶▶ 那句话怎么说来着？对，不怕神一样的对手，就怕猪一样的队友。

_01_

我其实一直觉得，人交朋友是不该设限的。就像小时候，德高望重的爷爷每次叮咛我要多向学习好的同学靠拢时，我都是不屑听的。这么多年来，我确实什么朋友都有过，有曾经的情敌，有前任，有百万畅销书作家，有在读初中的小读者，有在飞机上偶然碰到的乘客，亦有在酒吧里搭讪认识的陌生人，我的朋友圈简直是鱼龙混杂。但现在我觉得，交朋友还是要交脑子灵光的，实在不是因为我变得精明世故，连本该真挚纯粹的感情都要夹杂算计了，而是真的吃过不少亏，上过不少当。

读书时有一次我参加考试，到了考场发现忘记带准考证，算算时间刚好来得及，就打算回去取，遂向同寝室的人借寝室钥匙（我的钥匙和准考证放在一起，都落在了寝室）。当时几个室友都纷纷向我伸出了援手，然而从关系亲密度来讲，我当然选择拿她的。

结果我就悲剧了。我气喘吁吁地跑回寝室，掏出钥匙准备开门的时候发现，钥匙居然插不进去！我左拧右拧都不行，而此时，我若再重新回去取一把回来，显然是来不及了。于是那次考试，我最终因没带准考证，没能进得了考场。

事后我自然有些懊恼，自己怎么能这么不长脑子，连准考证都忘了带，忘了就忘了，怎么偏偏就不长记性，拿了她的钥匙呢！

“偏偏，这把钥匙是我新配的，我也没试过，没想到不好使。真对不起，都是我的错。”事后，她也是真心实意地向我道歉。

我知道她并非故意，也没资格责备她，只不过此时，往事已经一幕幕浮现在我眼前了。

相比之下，这真的还只是小事一桩。某次我和男朋友闹分手，本来情侣间偶尔闹闹分手也是常有的事，结果我男朋友为了挽留我，就给她发短信，让她劝劝我。当时是晚上九点多，室友们都在，她收到短信后突然就大声嚷嚷：“偏偏，你和××分手啦？”我一时面露难色：“你怎么知道的？”

“你看你看，他给我发短信了。”她一脸好心地指给我看。我发誓当时我只是在怄气，没想过分手，但被她这么一吵，面对室友关心中夹带着八卦的眼神，我反而有些骑虎难下，不知如何是好。这毕竟是我的个人隐私，个中原委并不想闹得尽人皆知啊……

看得出来，她没什么恶意，每次出现这种意外状况，她都不是有意害我出丑，她自己的事也常常被她搞砸。她向来思维简单，这是天性，是勉强不来的事。可问题就出在，我当她是朋友，那她自然就是我在遭遇困难时寄予最大希望的人，有烦恼了我本能地想向她倾诉，危难之时首先想到找她帮忙……可如果每次情况不但没化解，反而让我更加难堪，我就不得不反思自己到底交了个什么样的朋友了。

而且，如果我仅当她是普通同学，以上情况都不会发生。我已知她不靠谱，那么在众多钥匙中，就不会选择她的那把；我已知她处理问题不太周密，就根本不会告诉男朋友我身边还有这么一号人。问题就出在“朋友”二字，既然是朋友，那么不管她什么水准，我都是要无条件信任和交付真心的啊。

_02_

近期娱乐圈也出了这么一档子事儿，G 小姐和 F 小姐因共同出演一部电视剧而结缘，成了好姐妹。只是好景不长，感情都需相处，意气相投的自然天长地久，道不相同的也很快会分道扬镳。

事情的起因是某娱乐记者发微博称这部电视剧中某 F 姓女演员陪睡制片人，虽未点名道姓，但是网友们都纷纷猜测是 F 小姐。这也是娱乐新闻的惯用伎俩——信息模糊，引发舆论推测，热点炒出来也不用负什么法律责任。本来嘛，这种子虚乌有的事，只要当事人保持沉默，过不了几天，也就翻篇了。

可偏偏在这种该息事宁人的时候，G 小姐却转发了微博，不但指责了娱乐记者，还声称要力挺好姐妹。可关键是，人家微博里也没说这个人是谁呀，这样做不但显得此地无银三百两，而且还直接让 F 小姐陷入尴尬之地。所以事后，很多人说 G 小姐此举表面看是帮好姐妹申冤，实则是暗暗插了 F 小姐一刀。

当然，我绝不相信 G 小姐是那种心机深沉的人，从她参加的各种节目和访谈来看，就是个简单直接的人，凡事不藏着，有什么说什么。我相信，她只是偶尔脑子短路罢了。

刚好看到娱乐记者发这种模棱两可的东西，她自然想站出来为好姐妹出头。只是她没想到，她这么一转发，反倒起了推波助澜的作用，扩大了不实新闻的传播度和影响力，直接把 F 小姐推到了风口浪尖。

如此一来，莫名其妙被卷进来的 F 小姐当然火大。也就有了后来我们看到的——两个人参加同一个活动却全程零互动，微博上也不再晒合照了。

话说回来，如果两个人真的因此掰了，我也理解 F 小姐。因为我们都清楚，人行走于世，最可怕的不是敌人，而是身边亲近的朋友。因为对待敌人我们早有防备，但是对待朋友我们是毫无保留的。这个时候，如果摊上了个脑子不够灵光的朋友，说话做事漏洞百出，共事时帮不上什么忙不说，反倒在关键时刻给你添堵，实在令人心力交瘁，趁早了断也能免去不少后顾之忧。

_03_

虽然行走江湖，谁都讲究个有情有义，我们交了朋友，自然是做好了两肋插刀、赴汤蹈火的准备，但有个大前提是，你得让我死得其所、心甘情愿。换言之，你处于危难时，我可以拼死相陪，但是我不能接受你冷不丁地捅我一刀啊。

说得再直白点儿，成年人交友的一大准则就是稳妥。

我们希望一起逛街的朋友可以在我们去试衣服的时候，帮忙照看好包包和衣物，而不是左顾右盼总是弄丢东西，最后说好的去商场购物，变成了去派出所报案；我们希望一起吃饭的朋友可以在点餐时提出中肯意见，而不是不管不顾点了一堆再嚷嚷着要退，结账时和服务员大吵一架，最终不欢而散；我们希望能与我们共同患难的朋友可以在危难时刻帮我们化解危机，而不是雪上加霜，越帮越忙。

朋友理所应当是给人以安全和信赖的存在，我们甘愿为之赴汤蹈火的也该是这样的朋友。

真正的友情，是势均力敌的默契

▶▶ 最亲密的感情从来不是居高临下的恩赐，而是势均力敌的默契。

_01_

高中时代我最亲密的朋友曾经对我说："两个人在一起做朋友，必须要有一个特别能忍。"听见这句话的时候，我还有些得意，因为在我们的友情里，负责忍的是她。

不知道是不是受《小时代》里顾里的影响，彼时我极尽毒舌刻薄之能。她失恋了掉眼泪，我一句安慰没有，劈头盖脸就是一通骂；她一句话不顺着我，我撇下她就走，任凭她在后面追；我们之间所有的行动都听我指挥，我说什么她都必须服从我。

虽然我们之间也有争吵，但最终她都会像林萧一样乖乖投降。

_02_

后来上了大学，我们就分开了。有一次在 QQ 上说着说着我不高兴了，就翻脸了，她哄我，我始终怄气不理她。我们陷入了冷战。几个月后，我发现她交了男朋友，于是赶紧问她："什么时候的事，你怎么不和我说呢？"她淡淡地回："是我们的高中校友，你应该不会喜欢。"

我感觉她在和我抬杠，于是又把她数落了一顿，等我终于停下来，她才缓缓开口道："偏偏，我不想再忍你了。你看，每次我稍微不顺着你，你就不开心。总是这样小心和你说话，我感觉很累。从前我们朝夕相处，为了彼此安心学习，出现矛盾我都会妥协，现在我们分开了，我也希望你能尊重我的选择和想法。"

直到现在我都清晰地记得这些话，虽然它们曾令我脸红，但我很感激她的坦诚。其实我也不是不知道我的所作所为已经把她逼到极限，只不过人就是这样，对方越是忍让，就越想挑战对方的底线，好以此证明我是对方心里特别的存在。

可能很多人会觉得，朋友之间吵架很正常，互相忍让一下也没什么大不了的。是的，吵架、互黑，甚至为朋友受点儿委屈都可以，但这忍耐必须是“相互”的。如果只是一方无限忍，哪怕对方脾气再好，哪怕对方再在乎你，长久下去，对方也会累会倦的。

感情里最错误的想法就是以为感情会永远不变，那个人也会永远在，所以才会仗着自己被爱一味索取，不懂得好好经营，等到对方不再忍你了，才悔不当初。

_03_

我真正明白这个道理，是在朋友说出那番话的很久之后了。不是有人说过，这个世界是公平的，你怎么对待别人，将来有一天也会有人这么对待你。大二的时候，我非常不幸地遇到了那个从前的自己。她叫 SOSO，为人直爽开朗，我们很快就成了好朋友。但相处的过程中我逐渐发现，她是一个十分强势甚至过分任性的人，斗嘴时，只要我还击，她就满脸不悦。每次聊到一个话题，只要想法不同，不等我说完她就一票否决。总之，我们在一起，她就是真理，必须占上风，而我即便是输，也得心服口服。

如此循环往复，终于有一天我爆发了。于是渐渐在心里把她从最好朋友移动到普通朋友的位置，不再与她形影不离，不再对她百般照料。这不是因为她不够讲义气，而是在我们的友情里，她居高临下的姿态让我强烈地感觉到一种不对等。关键是，我并不觉得她有什么资格这样对待我，唯一仗着的不过是我喜欢和她做朋友。

但是，我爱你不代表我要惯你的坏毛病，我爱你不代表你可以随意压榨我。如果两个人得以成为朋友，必须有一方压抑着自己，那么这段友情的结局，必然是分道扬镳。

*_04_*

我还算比较幸运，虽然从前过分，但好在及时醒悟，最终并没有被高中那个朋友放弃。

现在我工作了，那个朋友还在读书。我们也会开玩笑，也会互相挖苦，但我不会因为她胜我一句就恼羞成怒，也不会因为意见不合就大动干戈。她表达观点时，即使不认同我也耐心倾听；她要做什么事，即使没什么把握，我也会提一些合理建议来帮助她。渐渐地我发现，这种相处模式要比动辄就翻脸吵架和谐愉悦得多。原来真正处得来的朋友，根本就没有谁要忍谁这一说。因为两个人能够无话不谈，靠的是了解和信任，而不是建立在一方永远服从于另一方的基础上。

友情是一种莫大的福祉，我们生来孤独，才会不断寻找朋友。大千世界，唯有朋友是那个能带给你自信、勇气和热闹的人，如此珍贵的一个人，就不要因为刻薄、锋利、骄傲，抑或是该死的好胜心与他形同陌路吧。

何况一味让对方低头认输这件事，真的一点儿都不酷。真正优质的朋友，应该是既能够让对方畅所欲言，又可以为对方免去后顾之忧的人。但愿随着年岁累积，我们都能够褪掉稚气的外衣，成长为优质的朋友，遇到优质的朋友。

没有什么，是等你准备好才来的

▶▶ 人生苦短，必须果敢。

_01_

你喜爱阅读，讲究仪式感，所以读书时要沐浴熏香，姿势端庄。因此，当书摆在你的眼前，置于你的手边时，你惭愧于自己面容憔悴，无法忍受周遭环境琐碎，一本好书读得断断续续，到最后索然无味。

你想去旅行，盼望了好久。你努力攒钱，查询景点，在兴高采烈地准备订机票的时候，却被老板临时发来的工作绊住，于是你一边抱怨一边取消了出行计划。虽然这段旅行你向往已久，却迟迟未能动身。

你到国外出差，看上一支口红。你试了又试，拿起，放下，又拿起。同事就在你身边，贴心地问你是否喜欢。你笑着对她说，觉得还是不太适合自己。你并非没钱，只是因为这支口红原本不在你的购物清单中，于是你安慰自己，等到下次再买吧。但你实在太喜欢了，回国后仍然心心念念，一下午跑遍所有商场只为找到它。各家店员一遍又一遍耐心而又遗憾地告诉你，这个色号是爆款，几乎是一上架就会断货，目前没得补，即使在国外想买到也不容易。她们看出你心有不甘，继续热情地询问你要不要试试其他颜色。盛情难却，你心不在焉地任由她们帮你试了几款，最后发现都不喜欢。因为你始终惦记着那支口红映衬得你光彩照人的样子，你觉得其余的都无法与之相较。

你在公司附近看好一套房子，60平方米的小户型非常适合单身的你，你喜欢9层坐北朝南的那一间，通风好，采光棒，你很想拥有它。可是你手里的钱刚刚能够付个首付，你不想将自己置于缩衣节食的境地，迟疑之间你意识到自己似乎还没做好买房的准备，于是只好悻悻地放弃了这个念头。如今房价每平方米疯涨到了两万多，当初借了很多钱才买下那里房子的女同事卖掉房子净赚了几十万。而你，简直悔得肠子都青了。

你爱上一个人，他气质儒雅，谈吐间神秘迷人。他带给你前所未有的感受，第一眼你就想拥有他。你想赋予他全世界最美好的东西。在这个速食社会里，已经很少有什么人或者事物能带给你这种感觉了，因此你格外珍惜这种冲动。但他太优秀了，你在他面前忽然变得自卑腼腆。于是你拼命变得更好，从物质到精神，你以为只有这样才与他登对。后来你终于为了那个特别的他变成了特别的自己，可惜的是佳人已有新欢在侧。

你总想等到万事俱备，你总是埋怨东风迟来，你总想要游刃有余地做事情，你以为只有这样才能取得成功。可是你不明白，世界上没有那么多的凑巧和刚刚好，不是所有的东西都可以原地不动，静静等待你准备好了，再来将它带回家。

_02_

你想读的书等到你全然准备好，它已经落满了灰尘，放着放着你就忘记了你爱过它；你喜欢的东西，趁你犹豫不决的工夫，它可能就售罄或升值了。要知道这个世界最不缺的就是比你有财力物力的人，最可气的是他们还和你拥有同样的眼光。

在这个争分夺秒的时代，唯有及时出手才是王道！**做什么准备，统统是热情的耗费、光阴的浪费。**更何况世间万物无时无刻不在做着相对运动。你喜欢的男生，近在眼前的时候你扭扭捏捏不敢去表白，你又怎么敢保证等你准备好走近他的时候，他不会走向别人。

未来的每分每秒都不可预知，任谁也不可能对任何一件事情打包票说，我准备好了。你最多可以说自己准备充分，但你永远无法说自己准备好了。因为那意味着在考试的时候，无论出什么题目，你都可以得100分；意味着在比赛的时候，无论对手多强劲，你都可以拿第一名；意味着在追求异性的时候，哪怕对方心如钢铁，你也能将其化为绕指柔。

显然，这些假设的结果都是不现实的。你花再多时间和心思去准备都不能保证势在必得，而且这世上本就没有那么多天时、地利、人和，有的只不过是及时出击，不留遗憾罢了。说白了，许多事情就和考试一样，没有谁敢说自己是完全准备好了的，但总是会有个得第一的人。

_03_

所以，遇到喜欢的男生，你就去追求，力的作用是相互的，没准他也对你有好感呢；想看的书你就夜以继日地读，蓬头垢面兴许更添趣味；向往了很久的城市你就说走就走，越是憧憬就越要风雨兼程；喜欢的东西你就去买，有钱难买你高兴，何况买个东西取悦自己哪还需要那么多大道理呀。很多事情就是水到渠成，自然而然的，不铺垫任何心理建设就发生的才叫意外之喜。况且又不是要你去火拼，也不会让你倾家荡产。恰恰相反，这些都是你喜欢的，想做的，做成了会高兴、错过了会后悔的事情，所以哪来那么多患得患失、踌躇不前，还要你拿出“没准备好”这种陈词滥调来做幌子。

人生苦短，必须果敢，等待是最无意义的借口。劝君不如干脆利落些，**所有的人和事物，你最喜欢的时候就是你最需要的时候，也是你最该出手的时候。**

但行好事，莫问前程

▶▶ 信仰是你在看不见整段楼梯时，踏出的第一步。

_01_

很多年前，我有过一段在餐馆打工的经历。

那是一家坐落于转盘路边上的饺子馆，上下共两层，生意挺红火的。严格意义上说，那是我人生中第一份工作，从早上九点工作到晚上九点，片刻不停地服务于一桌又一桌的客人。上菜，搬啤酒箱，擦桌子，拖地，偶尔还会和客人发生口角，现在想想那可真不是一份轻松的工作。但当时年轻，心态一级棒，竟一点儿也不觉得疲累或委屈。每天下班后，还会吵嚷着要和同事去溜旱冰。

我的同事大都在20岁到25岁之间，大家相处起来还算融洽。印象最深的是一个叫大刘的男生，浓眉大眼，个子很高，为人极低调。有时候客人少，我们其余人会聚在楼上吹吹空调，聊聊天，但大刘不。我们在楼上偷懒时，总能看到他弯着腰一块一块地拣地上的垃圾，或者摇摇晃晃地把满满一桶用来拖地的脏水，从前厅拎到后厨再倒掉。

同事们偶尔会半开玩笑地议论他：“大刘傻吧，这么卖力图什么呢？”很显然，我们所有人都没把这份工作当成长久的追求。我是暑假体验生活，混两个月就走，其余同事也各有各的规划，要么以后去创业，要么想在饭店学一技傍身。总之，大家都没那么敬业。

在这样的环境下，大刘自然成了一个特别的存在。有一次我上早班起晚了，慌慌张张地跑到店里准备值日，结果刚到大厅就发现大刘已经把所有桌子擦得锃亮，正在洗抹布。他先是换了一盆清水，然后在抹布上倒上洗洁精，再浸泡在水里反复揉搓——他洗得很卖力，以至于我都看到了他胳膊上凸起的青筋。那一瞬间，我惭愧中又带着一丝不忍，我很想告诉大刘，其实没必要这么做的。但话到嘴边，终究变成了：“大刘，你来得真早啊，谢谢你帮我。”

他笑了笑，没说什么。倒是吧台的人告诉我说：“大刘每天都来这么早。”

_02_

店里每个月月底会做月度盘点，我上班时间短，只赶上过一次。餐饮行业的例会氛围很轻松，我们可以在适当的时候加入讨论，提些点子，一切都进行得井然有序。

就在我以为快结束的时候，整个盘点的高潮来了——老板娘在总结发言完毕后，突然宣布要奖励一个员工，接着在所有人一脸茫然的情况下，高声念出了大刘的名字。据说，那次是史无前例的褒奖，我清楚地记得，老板娘郑重地递给他一个500元的红包，慷慨激昂地讲述他的勤劳肯干，并号召大家向他学习。

我和其他同事又惊讶又激动。惊讶的是，我们确实没能想到，那些被我们当作徒劳的努力，居然都被老板和老板娘看在了眼里。激动的是，500元在当时并不算少，我辛辛苦苦工作一个月的工资才

1500元。但我们替大刘开心，这是他应得的。

我也是后来回味的时候才发现，这件事对我的人生有着非常积极正面的教育意义。**它让初入社会的我第一次亲眼见证了公平的真实存在，也让我在以后的日子里，都不敢再轻易质疑努力的意义。**

那天大刘作为先进员工，免不了要上台讲两句。结尾部分给我留下的印象极深，他面向大家，目光炯炯，声音洪亮地说：**“但行好事，莫问前程。”**

我之前就觉得这个人和餐馆里的其他人不一样，不是指他愿意倒脏水倒垃圾，也不是指他文化修养高，而是我发现他身上有一些形容不出来的气质。直到那天从他嘴里听到这八个字，我才终于明白，他的不同之处在于，和其他同事偷奸耍滑的小聪明相比，他是真正有大智慧的。

后来我们渐渐熟悉，得知原来那段时间他正处于人生的迷惘期。他已经大学毕业大半年，学的专业是动画设计，在校期间春风得意，他和几个同学还一起设计过一个很著名的央视广告。但人生不总是一帆风顺的，毕业前他考研失利，悻悻地找了份工作，做得也不舒心。正在不知何去何从的时候，他来到了这家饭馆。

我对此表示不解：“那也不至于来做服务生啊！大材小用。”他答：“本来想歇一歇再找，但我这个人闲不住。刚好这家饭馆招短工，我就过来了。心想，如果服务生都能干好，我以后就不会再害怕什么了。”

那时候我就感觉到，大刘勤勉、踏实、耐心、人缘好，到哪里都错不了。所以，当他后来先于我提出辞职的时候，我并没有像其他同事那样表现出意外和不舍，因为我知道他开始准备去面对真正的人生了。

_03_

大刘离开之后，一些不起眼的问题开始呈现出来。大堂经理每天都要唠叨“桌子不如以前干净”“值班的人来得太晚”。最后，看我们仍然没什么长进，只得说：“看在奖金的分上，你们不能学学大刘吗？”

我心里暗笑，经理哪里知道，其实那些心甘情愿行好事的人，大都是不图结果的。像大刘，他专注的是尽力做好眼前事情的过程，他在意的是能否始终坚持，他希望修炼的是一份耐心和毅力，这些是比一时的奖励更重要的人生经历。

我和大刘一直都有联系。起初我偶尔能看到他 QQ 上发的新动态，知道他去了北京的一家外企，每天加班到很晚。后来又通过朋友圈知道他娶了老婆，买了房子，自己创业开了一家互联网公司，成功融资上市。在外人眼里，他现在是标准的人生赢家。

可是我也知道，像大刘一样“笨拙”的人，势必是要挨过很多个默默付出和不知前路的日子，承受旁人不解和嘲讽的目光才能换来今天。

没有人能随随便便成功，大刘的过人之处就在于，**他身上始终有那种不问前程、咬牙坚持的孤勇。**

_04_

人生是一场又一场的试炼，每个人都要经历几次“但行好事，莫问前程”才能脱胎换骨。在这些黑暗无光的日子里，要学着把别人不爱干的事情承担下来，在最困难的时候，要去解决问题而不是一走了之。要知道，在很多个看不到结果的节点，仍然坚持努力，才是真的勇敢。

《杜拉拉升职记》里的杜拉拉，一个刚刚跳槽到新公司的小姑娘，没有家庭背景，没有熟稔的人际关系，在预算被无限压缩的情况下，重新装修了办公室，全凭一腔热情把工作做得井井有条。中途她加了很多班，也频频碰壁，最委屈的时候，一个人坐在楼梯间里崩溃大哭。

尽管功劳苦劳一箩筐，但在整个过程中，她从没想过邀功，支持她的就是一份责任心和对公司的忠诚。事实上，到最后，这份功劳确实被她的女上司领走了。当时所有人都觉得她傻，为她不值。但她通过装修这件事情，赢得了很多人对她的认可，以至于再有其他晋升机会的时候，大家第一个就想到她。而她也大大提升了自己的协调规划能力，再面对其他突发状况的时候能够得心应手。而且，她还在不经意间收获了一份爱情。

在最初接手这个烂摊子的时候，在很多个劳碌愤懑到痛哭流涕的日夜，她岂能想到，自己日后会成为这家公司的人力资源主管，岂能想到，自己会和万人迷的销售总监站在同一平台，谈一场势均力敌的恋爱。

人生的奇妙之处就在于能量守恒。**你做过的事，不管有心还是无意，总会有人替你记得，温润岁月就是最好的馈赠。**所以，亲爱的，在每一个艰难且不确定的当下，在每一个被误解和嘲讽的瞬间，请千万不要放弃希望，你能做的就是竭尽全力，对每一件热爱的事情都问心无愧。其余的，就交给时光吧。